·写给孩子的·

地球简史

李立言 编著

江西美术出版社
全国百佳出版单位

图书在版编目（CIP）数据

写给孩子的地球简史 / 李立言编著 . -- 南昌：江西美术出版社，2021.12

ISBN 978-7-5480-8395-5

Ⅰ.①写…Ⅱ.①李…Ⅲ.①地球演化—儿童读物

Ⅳ.①P311-49

中国版本图书馆 CIP 数据核字（2021）第 128226 号

出 品 人：周建森

企 划：北京江美长风文化传播有限公司

责任编辑：楚天顺 朱鲁巍 策划编辑：朱鲁巍

责任印制：谭 勋 封面设计：韩 立

写给孩子的地球简史

XIE GEI HAIZI DE DIQIU JIANSHI

李立言 编著

出 版：江西美术出版社

地 址：江西省南昌市子安路 66 号

网 址：www.jxfinearts.com

电子信箱：jxms163@163.com

电 话：010-82093785 0791-86566274

发 行：010-58815874

邮 编：330025

经 销：全国新华书店

印 刷：北京市松源印刷有限公司

版 次：2021 年 12 月第 1 版

印 次：2021 年 12 月第 1 次印刷

开 本：880mm×1230mm 1/32

印 张：4

ISBN 978-7-5480-8395-5

定 价：29.80 元

前言
PREFACE

地球是怎样诞生的，你有想过吗？

距离地球诞生，至今已有 46 亿年之久。这句话说出来看似轻巧，但在这人类无法想象也无法体会的漫长时间里，地球上曾上演了一幕幕波澜壮阔的画面。

自古以来，关于地球的年龄、大小及其与月亮、太阳等行星、恒星的关系等问题就一直困扰着人类。20 世纪后期的太空探索使得人类第一次真正从远处观望我们生存的星球。

在 40 多亿年的地球史中，人类显得非常渺小，但是人类能够探索、认知到地球的演变历程，这就是人类超越其他生物的伟大之处。

人类文明发展的历程总是闪耀着科学的光芒。科学，无时无刻不在影响并改变着我们的生活，而科学精神也成为"中国学生发展核心素养"之一。因此，在科学的世界里，满足孩子们强烈的求知欲望，引导他们的好奇心，进而培养他们的思维能力和探究意识，是十分必要的。

炙热的岩浆地球，如何冷却成巨大的雪球，又是何时变身美丽的蓝色？氧气曾经是一种毒气？地球上地形地貌都有什么特点？大陆漂移、生命演化、气候变迁、沧海变桑田……地球是我们每一个人生活的地方，你真的了解她吗？

这是一本通俗易懂、引人入胜而又让人受益无穷的科普通识读物，就像大揭秘一般，将地球的诞生、大气形成、小行星撞击地球等内容精彩地呈现在孩子面前。书中使用了大量珍贵的精美图片，把科学严谨的知识学习植入一个个恰到好处的美妙场景，让孩子从小对科学产生浓厚的兴趣，并养成探究问题的习惯，不仅有助于拓展孩子的视野，完善思维模式，还有助于养成面对自然时的敬畏之心，对孩子的未来发展有积极的引导作用。

翻开这本书，如同乘上时光穿梭机，让孩子带着好奇心，开始一段不可思议的探索之旅，遥望宇宙深处，走向星辰大海，追寻地球的演变历程，思考人与自然、宇宙的关系，体悟人类的渺小与伟大。

目录
CONTENTS

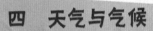
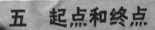

时间轴

古希腊数学家阿利斯塔克提出太阳是行星系统的中心，并且运用几何学准确测量出了地球、太阳和月亮的相对大小（公元前 260 年）。

达·芬奇指出化石是生物的残骸（约 1500 年）。

伽利略用望远镜看到了金星相位和木星的 4 颗卫星。这些以太阳为中心的直接证据标志着现代天文学的诞生（1609 年）。

中国天文学家张衡发明世界上第一台预测地震的仪器——地动仪（约 130 年）。

尼古拉斯·哥白尼认为太阳——不是地球——是太阳系的核心（1543 年）。

太阳、月亮和行星	
地质学	
海洋学	
自然地理	
空间科学	

公元元年　　　　　　　　1500　　　　　1600

第谷·布拉赫记录了一颗超新星的爆炸（1572 年）。

意大利物理学家伊万吉利斯·托里切利用汞来测量大气压强（1643 年）。

古埃及地理学家托勒密绘制了已知世界的地图，并提出地球上存在着南方大陆块——一片有极光出没的土地（约 140 年）。

英国物理学家威廉·吉尔伯特证明了地球本身就像一个磁铁（1593 年）。

古希腊学者埃拉托色尼推断地球是有弧度的，而不是平坦的，并准确计算出了地球的圆周（公元前 200 年）。

伽利略发明了温度计（1593 年）。

英国地质学家约翰·马歇尔首次提出了地震是由于地表以下几千米深处的大体量岩石块移动产生的波引起的（1760 年）。

乔瓦尼·卡西尼发现土星有两个环，并由一条暗淡、狭窄的沟隔开（1675 年）。

欧洲冰期由德裔瑞士人约翰·冯·卡本所阐述（1786 年）。

埃德蒙·哈雷准确预言了以他名字命名的哈雷彗星将在 1758 年重新出现（1705 年）。

英国地质学家威廉·史密斯得出岩层可以根据其包含的化石区分开的观点（1815 年）。

太阳、月亮和行星

地质学

海洋学

自然地理

空间科学

1700

1800

英国科学家亨利·卡文迪什推算出地球的质量（1798 年）。

英国律师乔治·哈德利将大气的流通描述为位于赤道中心的大规模空气对流（1735 年）。

美国古生物学者路易斯·阿格赛兹描述了冰河的沉积并证实了冰川期的存在（1840 年）。

丹麦自然科学家尼古拉斯·斯坦诺将化石和岩层联系起来，提出了地球六个连续的历史时期（1667 年）。

法国博物学家科姆特·乔治·德·布冯推测地球的年龄远超过《圣经》中所说的 6000 年（1779 年）。

美国海军军官马修·芬太尼·莫拉里绘制了大西洋地图，注明了其边缘地带比中心地区深（1850 年）。

英国工程师约翰·米尔尼提出地震是波在地球内部的传播引起的，为建立地震监测站提供了理论基础（约 1890 年）。

大陆漂移学说的假设和海床扩张论被加拿大人 J. 图佐·威尔逊融合成一个单个的全球性概念，即移动带和硬板块（1965 年）。

火星卫星——火卫一和火卫二——由艾萨夫·霍尔发现（1877 年）。

美国天文学家克莱德·汤博发现了 X 行星，也就是冥王星（1930 年）。

德国地球物理学家阿尔弗雷得·魏格纳提出了饱受争议的大陆漂移学说（1912 年）。

苏联"月球探测器 2 号"是第一个到达月球的人造物，它坠毁在月球上。"月球探测器 3 号"拍摄了月球背向地球一面的照片（1959 年）。

1900

1950

世界上第一次环球海洋考察——"挑战者号"启程，开始了它的四年之旅（1872 年）。

法国物理学家保罗·朗之万发射了一道超声波束，探测到了回声声呐，这可用来绘制海底地形（1915 年）。

美国第一颗卫星"探险者 1 号"发射升空，并发现了"范·艾伦辐射带"（1958 年）。

奥地利地质学家爱德华多·修斯提出曾经有一个叫冈瓦纳大陆的"超级大陆"存在（1885—1909 年）。

"月球 9 号"登陆月球（1966 年）。

"水手 10 号"航天探测器访问水星（1974 年）。

"金星 13 号"发回金星表面的第一张彩色照片（1982 年）。

英国、美国和法国科学家将海洋地球物理学和地震学结论融合成统一的板块构造论（1968 年）。

深海探测发现了不依赖阳光而依靠硫黄生存的生物（1977 年）。

"旅行者 2 号"飞过海王星，发回海王星卫星——海卫一的照片（1989 年）。

太阳、月亮和行星

地质学

海洋学

自然地理

空间科学

1975

科学家发现海床土板块接合处有"热点"，在"热点"地区，地球内部的热量会泄漏出来（1970 年）。

麦哲伦航天探测器用雷达图像技术极详细地绘制了金星表面的地图（1990—1993 年）。

美国航天飞机发射。航天飞机是第一个可以重复使用的人造太空交通工具（1981 年）。

一

我们的家园诞生了

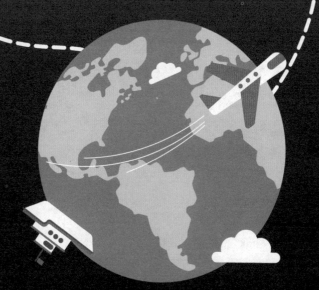

地球是怎样形成的

与整个宇宙相比，地球很年轻。大约 47 亿年前，气体和尘土在重力的作用下聚集形成了地球，太阳系也就诞生了。

最初形成的地球与我们现在所知道的地球是完全不一样的，它没有空气也没有水，像月球上那样完全没有生命的存在。但是随着时间的推移，地球的内部开始出现热能，整个星球也开始出现变化。重元素（如铁等）开始沉淀到地心部位，而轻的元素漂流到地球表层。随着地表温度的降低，矿物质开始结晶，形成了地球的第一层固体岩石层。热能的流动也引发了火山爆发，同时为生命的出现铺平了道路。

地球的岩石层形成于大约 45 亿年前，当时的火山比现在要活跃多了，地球表面到处都散布着火山爆发冷却后沉积下来的岩石层。与此同时，火山爆发释放出大量的气体和水蒸气。较轻的气体（如氢气）便上浮到宇宙空间，而较重的空气则由于地球引力作用而留在了近地球的适当位置。这样便形成了早期的大气，其中含有大量的氮气、二氧化碳和水蒸气，但是几乎没有氧气。

大约 40 亿年前，地球温度降低，使得部分水蒸气开始聚集起来。最初，水蒸气形成小水滴，整个地球上空覆盖起了云层。但是随着水蒸气聚集到一定程度，便形成了第一次降雨。有些倾盆大雨甚至持续了几千年，大量的降水渐渐形成了大海，随后大洋也开始出现了。而这里正是生命诞生的地方。

年轻的地球常常遭到来自宇宙的碎片的撞击。大部分碎片是由尘土构成的，但是极具破坏力的陨石也会一次次地撞击地表。

在地壳形成后不久，可能曾有另一个星球撞击进入地球之中，使地球的重量增加了一倍，这也几乎把地球撞成两半。

一些科学家认为，月球很有可能是在这次撞击中形成的。根据这种理论，撞击过程中有大量的岩石散到宇宙中，之后又因为地心引力作用而聚集到一起。另一种可能性是，月球是作为一个完整的球体，在靠近地球时被其俘获的。

在月球上，陨星撞击留下了永恒的环形山，因为没有什么可以将之消磨夷平。然而，地球的表面却长期接受着风、雨和冰雪的洗礼改造。火山爆发则带来更加巨大的变化，这不仅促成了山脉的形成，而且使大陆板块一直处于移动状态。这些变化从海洋和大气最

> 地球形成后，其表面渐渐冷却，这使固体岩层得以形成。地球的核心部位由于压力和自然的放射性而一直保持着高温。需要大约几亿年的时间才能完全消耗掉这些热量。

初出现时就已经开始了，岩石也因此被分解成细小的颗粒，并被冲刷到河流中，最后被带入大海。在这个过程中，岩石颗粒沉积下来，构建起海床。几千年以后，这些沉积物转变成坚固的岩石。如果这些岩石被向上抬升，就可以形成干旱的陆地，则岩石的循环就将再一次进行。

在世界的很多地方，地壳就像一个很大的三明治，由很多几百万年前沉积下来的岩石构成。这些岩石层记录着地球的历史，并显示岩层形成时的状况。

岩层中的化石也可以告诉人们，在那一时期地球上存在着哪些生命。

与月球不同的是，地球表面分布着火山。大约 60 万年前，北美洲的一场火山爆发产生了 1000 立方千米的熔岩和火山灰。而在更早的时间里，甚至出现过更大规模的火山爆发。

2 最初的外壳

推测地壳原始外貌的线索来自地球最近的邻居——月球，因为它的表面还保存着大部分古老的特征（月球的地质运动在20亿年前就终止了）。

月球古老的高地外壳是由一种叫作斜长岩的火成岩组成的，斜长岩主要由硅酸铝斜长石物质组成，这种岩石富含熔点很高的亲石元素。这一厚的外壳似乎是约44亿年前由一个富含铝、钙和硅的岩浆"海洋"结晶而成的。月球经受着陨星和小行星的频繁轰击，这类轰击一直持续到40亿年前才停止，并在月球表面留下了巨大的撞击盆地和无数的陨坑。它们大小各异，从只有几米宽的微型陨坑到直径达几百千米的环状构造都有。陨坑比受到撞击时瞬间形成的穴要小一些，因为撞击过后的减压过程改变了该穴。

撞击过程不仅产生了陨坑和盆地，而且制造了大量被抛入空中的碎片物质。这些物质最终形成了外壳基部顶上的复杂而广阔连绵的交错层。这些相当碎小的表层物质形成了所谓的风化层。在地球上，该风化层变成了土壤。

地球早期外壳的成分和月球外壳的成分是不同的，地壳可能含有更丰富的铁和镁，而高温硅酸盐的含量相对低些。地壳是由持续流出的高温液态岩浆构成的，这类岩浆一般与火山有关。在流出物刚结晶时，地壳很薄，岩浆很容易就能穿透脆弱的地皮。随着时间的推移，地壳表层逐渐叠加起

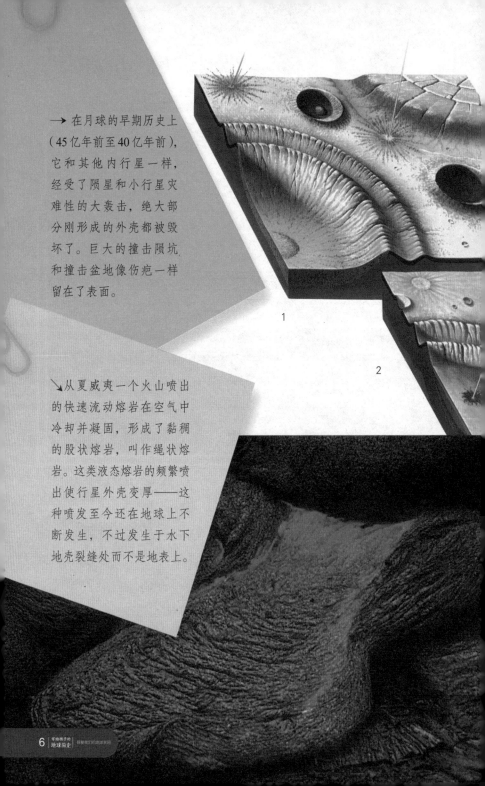

→ 在月球的早期历史上（45亿年前至40亿年前），它和其他内行星一样，经受了陨星和小行星灾难性的大轰击，绝大部分刚形成的外壳都被毁坏了。巨大的撞击陨坑和撞击盆地像伤疤一样留在了表面。

1

2

↘从夏威夷一个火山喷出的快速流动熔岩在空气中冷却并凝固，形成了黏稠的股状熔岩，叫作绳状熔岩。这类液态熔岩的频繁喷出使行星外壳变厚——这种喷发至今还在地球上不断发生，不过发生于水下地壳裂缝处而不是地表上。

来，岩浆就不容易突破地皮了，爆发就集中在了地壳比较薄弱的地区。

尽管有早期地球大气的遮蔽，但是地球地壳和月球表面一样，遭受着各种天体的频繁撞击。像月球一样，地球表面的岩石被击碎，并包含形成于高压下的硅酸盐矿物，如柯石英。随后，由于板块构造运动，早期地壳进行"再循环"，能移动洋底及大陆，将地壳表层向下推，使新物质被向上推，这个过程在今天的地球上还在继续。由于物质被再循环，因此岩石圈的大小一直保持恒定，它既没有膨胀也没有收缩。

←在较少火山活动和撞击运动过渡期之后，月球表面在过去的10亿年中变化很小。由于岩石圈太厚而地幔的对流又很有限，月球的板块构造运动已经停止了。

3

岩浆的上升

地表以下，深度每增加100米，温度平均升高3℃，在地表以下50千米处，温度可达1000℃。再往下，温度的升高梯度就会下降，据估计，地核的温度可能不会超过4300℃。尽管温度的变化很大，但是岩浆的发源地却局限在上地幔的一个很小区域——软流圈（地表以下70—250千米）。软流圈以下的中地幔是固态的，该区域的巨大压力阻止了岩石的熔化。富含铁的外地核也处于熔融状态，它的温度为3700℃—4300℃，但是内核中的强大压力使其以固态存在。

熔化的岩石可能以熔岩的形式被迫上升到表面，它也许会安静地流淌，也可能激烈爆炸形成云团。熔岩的爆炸取决于其形成的深度、包含的火山的类型、岩浆的黏滞性及熔岩包含的挥发性元素等。

很多岩浆都是硅酸盐，它们可以形成由含硅分子矿物组成的火成岩。当岩浆朝地表上升时，就发生膨胀并冷却，最后开始结晶。除了硅外，陆地岩浆还含有铝、铁、镁、钙、钛、锰、磷、钠和钾等元素，这些元素与硅结合形成硅酸盐。硅元素在陆地岩浆中占35%—375%，硅含量较低的岩浆是碱性岩浆，而硅含量较高的岩浆则称为酸性岩浆或硅岩浆。同时，陆地岩浆中还含有少量的微量元素，如铷、锶、锌、硫和钴。另外，还含有很多挥发性物质，其中最重要的一种是水，常伴有硼、氯、氟等元素，以及含有硫、氢、氧、氮等的化合物。

当岩浆在地球深处受到高压时，它内部的元素和化合物就会分解。当岩浆上升、内部压力减小时，更多的易挥发成分会膨胀并以气体的形式释放出来。因此，当熔融物抵达地表时，它就会混合着晶体、液体和气体。事实上，气体成分的膨胀在很大程度上是造成岩浆挤向地表，甚至造成爆炸性喷发的主要原因。

甚至在温度极高、压强极大的岩浆发源地——软流圈，"干燥"的地幔物质也不能完全被熔化。然而，挥发性物质能使硅酸盐矿物的熔点降低500℃，并且该地幔区域的水促成了熔化的发生。这个过程

↓ 6500万—5000万年前，大量的液态玄武岩熔岩在不列颠群岛的西北部涌出地表，它们绝大多数都是从地壳的裂缝处挤出来的。这类熔岩出现在位于背离型板块边缘的早期大陆裂缝中。美丽的六角形接面是在熔岩冷却和收缩的过程中形成的。

在地表以下的第一个 100 千米内温度上升得很快，但在地表以下约 5000 千米处的地核内核与外核交界的地方，温度上升曲线开始变平。科学家通过研究各种不同深度、压强下的地幔物质和铁的熔点来推算地球内部的温度。地震勘测已经确定了熔融区的存在，这和引起相变的温度相关。地壳底部的密度被认为是 3000 千克/米^3，温度 1000℃。在地幔的底部，相应的数据是密度 5500 千克/米^3，温度 3000℃。

随着深度的增加，压强会增大，这意味着需要更高的温度来熔化岩石。如果将地热梯度或海底地壳和地幔岩石的已知温度对照着熔化曲线绘制出来，只有在 70—250 千米的深处——软流圈或低密度区域——熔化作用才能发生。

就叫作部分熔融。

对闪石和云母等硅酸盐矿物（它们有时会以块状存在于岩浆中，从地幔被带上地面）的研究表明它们含有大量的水。由于地壳处于循环中并可在构造过程中回归地幔，因此更多的水（包括水载沉积物）

到达了地幔。

部分熔融物的密度比周围地幔物质的密度要低一些，因此会以球根状体——底辟的形式上升。当结晶作用在底辟内部开始时，最初形成的晶体密度比周围液体的密度要大得多，所以它们会在其中往下沉。如果更深处，一处底辟的含晶体部分被分开，上升熔化物的成分与大部分为液体的上部区域的成分是不一样的。这个过程就叫作分离结晶，它解释了不同类型的岩浆是如何在同一地幔区域产生的。

地幔上涌

大陆外壳

70千米

岩流圈

250千米

固态地幔

随着绝大部分固态地幔的对流，热物质上升而冷物质下沉。软流圈中半熔化状态的物质比压在其上面的岩石圈密度要低。灼热的、密度较低的物质聚集起来形成局部膨胀并形成岩浆源地——底辟或"地柱"。

4 早期大陆

今天的地球大陆覆盖了地球表面的 30% 左右。大陆岩石的密度比海床岩石的密度低，它们"浮"在较重的地幔岩石上。大陆地壳的厚度为 20—90 千米，包含主要山系的地壳最厚。经测算，最古老的大陆山丘的年龄是 39 亿岁。大陆中心区域最古老，越往边缘地带就越年轻。

克拉通稳定地块，也就是地盾，存在于绝大多数大陆的中心区域，它们由受花岗岩侵入变形的变质岩组成。克拉通稳定地块是古老山脉的遗留物，它们被稳定台地包围，在该处有一层厚厚的水平沉积岩在克拉通地块岩石上堆积起来。邻近该稳定台地的区域是年轻的构造带（又称造山带）——两大大陆板块碰撞形成的线形压缩褶皱山脉，它也可以指大陆板块和海洋板块碰撞形成的山脉，如南美的安第斯山脉。

大陆的发展并不是一蹴而就的，它可以分为几个阶段：约 10% 的大陆地壳形成于 38 亿—35 亿年前的太古代；60% 形成于 29 亿—26 亿年前；30% 则是在元古代晚期（19 亿—17 亿年前和 11.9 亿—9 亿年前）和显生宙时期（开始于大约 5.9 亿年前）的大型造陆运动阶段中形成的。

没有人能确定最早的大陆地壳是怎么形成的。地质化学研究表明部分熔融的海洋地壳制造了一个"原始地壳"，它与周围的海洋物质不同。在地幔内部的强劲对流运动和陨星撞击的作用下，"原始地壳"进行了不断地再造。这一过程

↓ 解释初始大陆生长的其中一个理论是这样认为的：首先是陨星撞击新生的地球（1），它撞破了地壳并引起岩浆的外流（2）。在撞击地形成的火成岩和周围地区的火成岩是不一样的（3）。

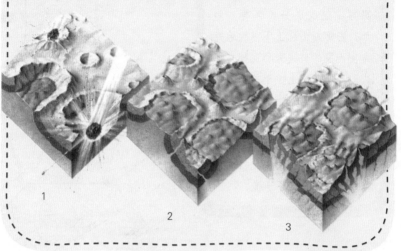

1

2

3

中产生的早期大陆非常小。

对大陆发展的另一种解释就涉及海洋地壳内的俯冲带，俯冲带是指两大海洋板块相撞、其中一块撞入另一个板块下面并引起地壳岩石熔化和火山产生的地区。通过这种活动，新的岩石就被制造出来，并形成弧形列岛。像这样由比海床密度稍低的岩石组成的地质结构也许就是早期大陆的中心地盾，但现在还没有确切的证据证明就是它们形成了最早的大陆地块。

更新的观点认为，大陆的增长是板块运动的结果，最重要的形式是海床的扩张，它引起了大陆形状和位置的变化。然而，在地壳很薄的太古代时期，事情的发展也许会有很大的不同，因为那时地球的内部更热，地幔的对流也相当激

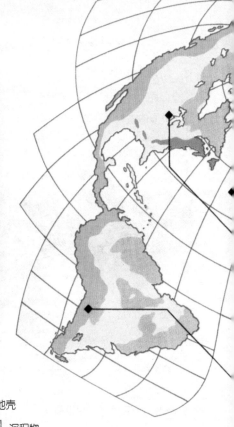

↘与海洋地壳相比，大陆地壳更厚、组成成分更多样。例如，安第斯山脉正下方的地壳是由大段的火成岩和沉积岩组成的，同一段上位于美国威斯康星州下方的地壳部分就相对薄了，海洋地壳的厚度则更小。这些地层是科学家根据不同深度地区地震速度的变化推测出来的，叫作地震不连续。

大陆地壳		海洋地壳	
	沉积岩和火山岩		沉积物
	褶皱和变质岩基		玄武岩
	花岗闪长岩地壳		辉长岩
	橄榄岩		分层橄榄岩
			橄榄岩

烈。似乎当时的大陆更小但数量众多，而板块则更薄，也更容易发生变形。

　　金星是所有行星中唯一可能存在和地球相似的大陆地壳的行星。

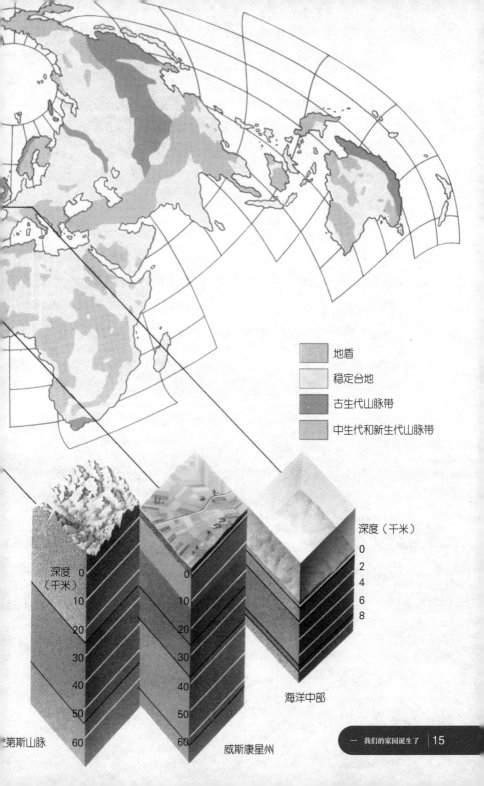

地盾

稳定台地

古生代山脉带

中生代和新生代山脉带

深度（千米）

0
2
4
6
8

海洋中部

深度 0
（千米）
10
20
30
40
50
60

第斯山脉

0
10
20
30
40
50
60

威斯康星州

5 地球上的海洋

　　地球上的海洋和大陆在地质上存在着很大的差异，海洋位于低处并充满了水，这种特征是由构造板块运动引起的。海底有呈线形绵延的海底山脊和深海沟，它们被深海平原隔开。海洋地壳形成于背离型板块边缘地区，最终消弭在会聚区。由于板块"再循环"很快，因此能够确保现代海床中海洋地壳的年龄不超过 2 亿岁。

　　海洋地壳的平均密度大约是 3.1 克 / 厘米^3，它被沉积物覆盖着。上部 2.5 千米厚的地壳是由玄武岩组成的；更粗糙的辉长岩层位于玄武岩之下，厚度达 5 千米。再往下是密度更大的岩石薄层，然后就是地幔了。

　　海底沉积岩的年龄超过 35 亿岁，这证明海洋至少也和最初的大陆一样古老，那时，地球外表面一定已经存在注满了水的盆地，这些水最初来自火山释放的气体和水蒸气。今天，海洋的覆盖面积占了地球表面面积的 2/3，而在过去，因为早期大陆很小，所以海洋的覆盖面积所占比例应该更大。

　　海水中包含了一系列的化学元素，主要有氯化物、硫酸盐、钠和镁，其次则是钙和钾。海水的盐度（3.3%—3.8%）在广大的海域中几乎是不变的，只有在靠近冰盖的地方才有所不同。海水代表的是不同稀释度的标准溶液，它的盐分来自风化的大陆岩石，这些风化的岩石由河流带入海洋。早期的海水可能比今天的海水淡，因为古代（特别是在太阳系形成的最初10亿年间）的大陆比较小，因而供应给海洋的盐分也相对较少。

海洋盐分的另一来源是热液喷泉，这是潜水研究船"阿尔文号"在海底山脊处发现的。在这些地区，水穿过新形成的地壳，带走水中铁、锰、锂和钡中的所有盐分。这些地区甚至还是大量硅、钙及二氧化碳的发源地。

海洋中的二氧化碳是海水和大气交换的结果，如果在空气中增加二氧化碳，那么将近一半的二氧化碳将被海洋吸收。一旦进入海水，二氧化碳就会和碳酸及碳酸盐离子保持平衡。在深约5千米以上的海水中，碳酸盐都会趋向于沉淀，而在该深度以下则不会。这使得有机体能利用碳酸盐在浅海形成它们的甲壳，而不必担心碳酸盐的耗竭。

海水的密度由盐度和温度决定，密度的不同则导致了大洋环流。通常，海水的温度越低，密度就越高，但在4℃时密度是最大的。从海面到100—200米深的地方，海水被太阳加热并被风和浪搅动着，在这个深度（温跃层）以下，温度通常会急剧下降2℃—4℃。现代地球大洋环流模式主要是南极冰川的交替融化和冻结使得南大洋的温度和盐分产生差异造成的。

↑ 地球的河流从陆地流向海洋，不断供给海洋水分。海洋总是在大陆架的边缘之外。大陆架边缘的海水很深也很冷，而海岸边的水很浅也很温暖。

↘海水下面有地球上最壮观的自然构造。玄武岩组成的巨大山脉（脊）——高达4000米，宽达4000千米，长达4万千米——将海洋分为几大区域。其中两条最重要的脊是大西洋中脊和东太平洋上升脊。在海床上，海沟沿着大陆的边缘平行延伸几百千米长。

围绕地球运行的人造卫星和其他科学调查已经揭示了海水的全球环流运动。这条全球传输带就像是地球巨大的中央加热系统。

6 冰期

地球历史的很多时期都遭受着冰川作用，在这些时期，来自极地的巨大冰层会覆盖陆地和海洋。每块大陆的岩石中都留下了冰川的印迹，这给尝试了解地球历史的地质学家们提供了重要的线索。

冰川期并不会持续寒冷，寒冷期会被温度高得多的间冰期打断。现在人类就是生活在一个间冰期，它已经接近更新世冰期（开始于大约1000万年前）的末期。大约1万年前，冰盖退到了现在的位置。

目前已知最古老的冰川沉积物发现于加拿大的休伦湖附近，有27亿—18亿年历史的3层冰川沉积物覆盖了12万平方千米的广大地区。

在7.7亿—6.15亿年前，冰川作用时有发生。而在前寒武纪时期以后，显著的冰川时期主要发生于奥陶纪末期和石炭—二叠纪；从那以后到最近的更新世冰川期到来之前，是一段很长的间隔期。

冰川期岩石保存在大陆——如现在比较干燥、纬度较低、气候炎热的澳大利亚和非洲北部——的岩石序列中，因此显然可以看出，这些大陆的位置曾经发生过变动。石炭—二叠纪的冰川作用影响了当时存在的整个"超级大陆"，即泛古陆，结果，泛古陆就分裂为冈瓦纳大陆（南部大陆）和劳亚古大陆（北部大陆），之后它们又进一步分裂为今天的大陆。过去冰川作用留下的痕迹使地质学家能够推断出该大陆相对其他大陆和极地移动的方式。

尽管地球已经持续降温了6000万年，但是现代冰期仅开始于3000万—2000万年前，南极洲移动到现在的位置标志着这段冰期在南极的开始。在那个时期，南极洲还没有现在这么厚（2.4千米）的冰雪覆盖层，该覆盖层是自那以后才逐渐形成的。

现代冰期在300万—200万年前发展到了顶峰，在该时期，人类开始进化，这暗示着严酷和剧烈的气候变动会促使进化朝着选择更有智慧的生物的方向发展，这些生物能够"思考"生存的方法，而不是仅仅依靠本能。

冰期的地表并不是始终覆盖着冰层的，相反，冰川作用经常会被气候温暖的间冰期打断。最近的冰川期开始于12万年前，并持续了10万年以上。

尽管我们仍然处于现代冰期，但是我们正享受着不同寻常的稳定间冰期。这一间冰期已经持续了1万年，但没有人知道地球气候离变回寒冷还有多少时间。

影响全球气候的因素有很多，并不是所有的因素都是循环的或周期性的，有些因素比另一些因素的影响要大得多，但是所有的因素都能导致冰期的出现。

首先，板块构造引起大陆漂移，大陆所处的位置影响全球暖流的运动，而暖流的全球性运动被科学家比作地球的中央暖气系统。该系统被称为全球传输带，如果大陆的移动改变了水流的运输模式，全球的暖流就会陷入混乱，一旦从赤道传向高纬度地区的热量减少，冰期就会到来。

其次，造山运动会破坏大气环流的模式，这会和板块运动一样对海洋环流造成影响。例如，在过去的1500万年中，以喜马拉雅山脉和青藏高原

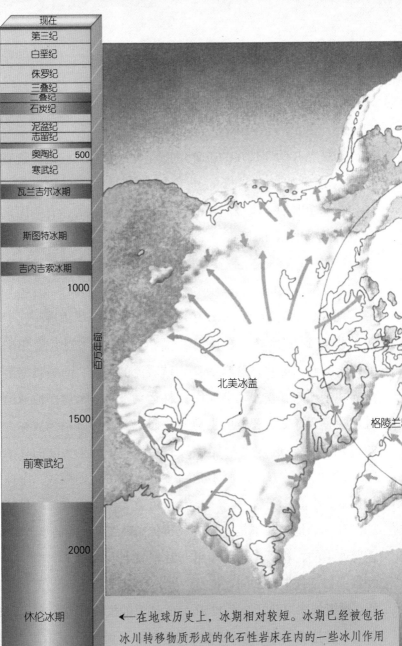

现在
第三纪
白垩纪
侏罗纪
三叠纪
二叠纪
石炭纪
泥盆纪
志留纪
奥陶纪　500
寒武纪

瓦兰吉尔冰期

斯图特冰期

吉内吉索冰期

1000

百万年前

1500

前寒武纪

2000

休伦冰期

2500

北美冰盖

格陵兰岛

←在地球历史上，冰期相对较短。冰期已经被包括冰川转移物质形成的化石性岩床在内的一些冰川作用特征所证明。这些转移物质包括冰碛岩、冰碛，或在冰川末端或边缘沉积下来的漂石及其他一些物质。

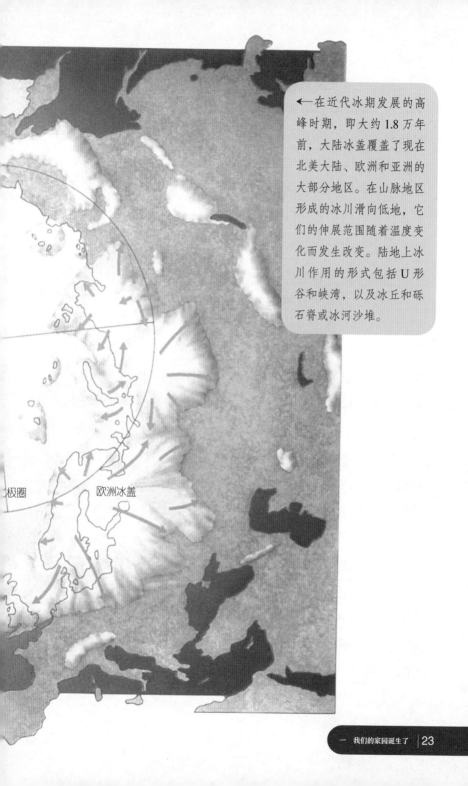

←在近代冰期发展的高峰时期，即大约 1.8 万年前，大陆冰盖覆盖了现在北美大陆、欧洲和亚洲的大部分地区。在山脉地区形成的冰川滑向低地，它们的伸展范围随着温度变化而发生改变。陆地上冰川作用的形式包括 U 形谷和峡湾，以及冰丘和砾石脊或冰河沙堆。

极圈

欧洲冰盖

为代表的全球大陆平均上升了600米，这可能促使现代冰期的到来。

最后，大气中的二氧化碳含量也会影响全球的气候。对南极洲冰核的分析让科学家了解了整个地质时期的大气中二氧化碳含量的变化，该分析表明大气中二氧化碳的缺乏与冰期的形成有着紧密的联系。在二氧化碳含量很高的时期，"温室效应"便会使地球变热、冰川消融。越来越多的科学家认为，由于现代人类活动向大气排放了大量的二氧化碳，它的含量最终会大大超出自然水平并导致极地冰盖融化。融化出来的淡水会将全球传输带完全切断，从而使地球进入另一个冰川期。

尽管上述三种因素不是周期性的重复事件，但还是有大量的数据表明几百万年前的冰期就是由这些因素引发的。只不过由于地球运转轨道的循环变动使得地球接收到的太阳辐射量增大，才度过了冰期。

20世纪30年代，塞尔维亚科学家密尔顿·米兰柯维奇提出，地球轨道的三个重要变化导致了冰期的产生。第一个变化是地球轨道在10万年内逐渐从正圆变为椭圆，再从椭圆变为正圆。第二和第三个变化是地球自转轴的倾斜度从24.5°变为21.5°，并绕圈摆动（移动）。地球轨道的倾角（倾斜度）变化周期为4万年，岁差2.3万年。三者结合就造成了地球接收到的太阳辐射量和接收太阳辐射地区的复杂的变化循环。

此外，与自然作用等效的核冬季也会引起全球温度的变化。核冬季是指核战争时向大气中吹入的尘埃云团会挡住阳光，引起全球的温度急剧下降。

二
地质拼图

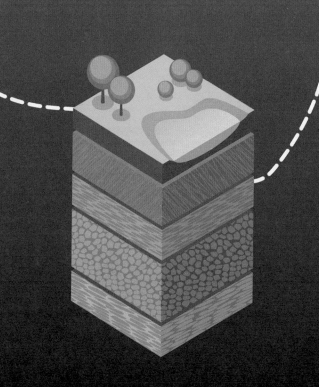

1 活动带和稳定带

　　大部分地壳的地质状况在多数时间内都是很稳定的。剧烈的地质活动只限于狭窄的线形地带，被称为活动带——通常处在板块边缘，火山、地震和造山运动一般发生在这里。在活动带之间是广阔且相对平坦的稳定带。

　　每一处稳定的大陆地区都是由好几个部分构成的。因此，澳大利亚和北美内陆地区都是很平坦的，并且自前寒武纪时期（40多亿年前的地球形成时期）以来就没有发生过重大的地质变化。澳大利亚古老的稳定核心区位于大陆的中部和西部，它的组成部分被过去的造山运动带隔开了。该稳定地块上覆盖着的沉积岩显示，在15亿多年的时间内，该地区的沉积作用几乎一直是连续的——这是稳定带的特征。

　　火山和地震都会破坏局部的地壳，但它们是一种更广泛的现象——造山运动的一部分。陆地褶皱山脉是由发生于板块边缘的复杂碰撞过程造成的。海洋地壳及其沉积物堆积层会发生俯冲并埋入地幔，在此过程中，它们的温度会升

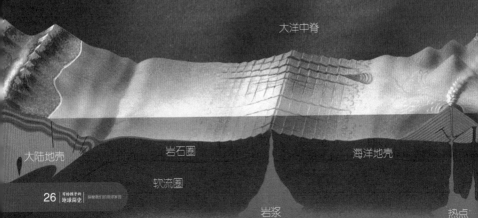

大洋中脊

大陆地壳　　　岩石圈　　　　　　　　海洋地壳

软流圈

俯冲带　　　　　　　　　　岩浆　　　　　　　　　　热点

高，熔化、变形并经历变质作
用，最后形成新的海底山脉链。

活动带被稳定地带间隔着。
纵观全球，可以发现造山带形
成了大陆的边缘，并周期性地
被吸积到大陆核心地区。活动
带的历史是循环的，在相对平
静的时期，造山运动改变着地
球的面貌。

造山运动包括火山作用、
岩浆运动和地震活动——统称
为火成活动。由于涉及诸多过程，
单个造山带的历史都很复杂。火
成活动在某些时期——28亿—

↑ 喜马拉雅山脉下面的地壳特别厚，
可达90千米深。印度半岛正在被亚
洲大陆缓慢地往下推。

↓ 海洋之下的地壳被长的脊穿破的地方就是新地壳诞生的地
方。当海洋地壳移动到地幔热点上方时，就可能形成火山岛，
在海洋地壳与大陆相遇的地方，海洋地壳就会俯冲进入地幔进
行再循环。俯冲带往往包含复杂的造山运动区，并最终使大陆
地壳得以延伸。

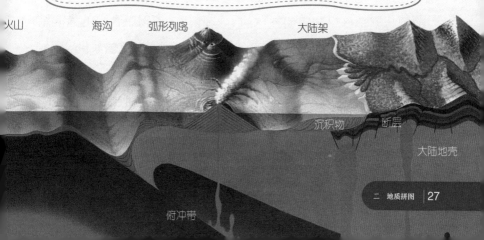

火山　　　海沟　　弧形列岛　　　　　大陆架

沉积物　　断层

大陆地壳

俯冲带

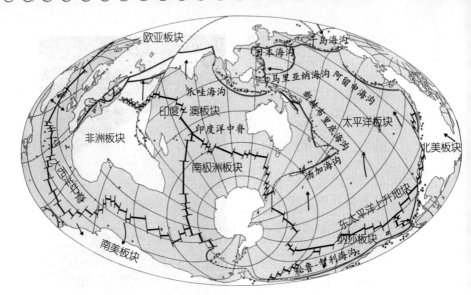

欧亚板块　千岛海沟　日本海沟　马里亚纳海沟　阿留申海沟　勒森布里底海沟　太平洋板块　北美板块　派哇海沟　印度－澳板块　印度洋中脊　南极洲板块　非洲板块　大西洋中脊　南美板块　汤加海沟　东太平洋上升地块　纳斯卡板块　秘鲁－智利海沟　南美板块

—— 俯冲带
—— 碰撞区
⊢⊣ 有转换断层的海洋山脊
---- 不确定边界
→ 板块运动
∴ 活火山
∷ 死火山

↑ 地球的活动带被描述为强烈地震多发区——特别是太平洋边缘拥有俯冲深海沟的地区。地震活动也集中在沿洋脊处，但没有像地震多发区那么强烈。活跃的火山作用代表两类活跃区，活跃区是邻近岩石板块接触的区域。稳定区中的孤立海洋岛屿也是活跃的地区——它们与"热点"有关。稳定区包括大陆的内部地区和海洋盆地中的深海平原，它将活动地区隔开。

26亿年前、19亿—16亿年前、11亿—9亿年前，以及5亿年前曾达到顶峰，这表明地球的热"引擎"在另一个循环开始前需要储存足够的能量。

背离型板块边缘——两大板块背离的地区也是一个地质运动活跃的地区。来自地幔的物质不断上涌到接近表面的洋脊之下，进而形成大裂谷、水合作用（矿物中含水的隆起结构）和熔岩喷发。岩浆侵入亚地壳形成岩墙和岩床。来自"麦哲伦"宇宙飞船的资料显示，金星上也有类似的地质运动，并且区域更广。

2 漂移的大陆

　　关于大陆漂移学说（地球进化理论之一）的证据很多。该理论认为现代大陆是一个古代超级大陆的互锁组成部分，它大约于2亿年前发生分裂。大陆漂移学说的有力证据之一是非洲撒哈拉地盾的构造，撒哈拉地盾是有20亿年历史的古老克拉通地块，它的内部有明显的南—北向纹理，但在沿大西洋边缘地区则转变为东西指向。古老岩石和年轻岩石之间的界线分明——在加纳沿岸"冲"进海洋。沿南美东海岸的地质特征和巴西几乎一样，这说明两块大陆曾经是连在一起的，后来因漂移才分裂开来。类似的证据在其他大陆上也有发现。

　　古生物学也提供了大陆漂移的证据。发现于非洲和格陵兰岛的化石遗迹表明：在志留纪（4.3亿年前），非洲正处于冰川期（温度很低，冰层蔓延），而格陵兰岛则有着热带气候，之后，两块大陆的纬度（由于漂移）都发生了很大的变化。类似的关于气候模式变化的证据在其他大陆上也有发现。

　　大陆漂移学说的最有说服力的证据来自古地磁学研究。众所周知，地球的磁极会发生变化，有时候极性会完全颠倒，岩石中的磁性矿则指示了那个时期的磁极性。地质物理学家可以利用这一现象，通过简单的三角学来确定某地区的古纬度。一旦地质物理学家获取了这些信息，就能够确定任何一块大陆过去的磁性取向了。对任一大陆中古老岩石的古磁极进行标示，就能得出一条平滑的曲线——磁极游移曲线，它和现代的磁极方向有偏差。一种可能的解释是磁极发生了变化。然而，不同大陆在同一时间段内的游移曲线并不是吻合的，这说明不是磁极发生了变化，而是大陆自身的位置发生了移动。

想要重现在古生代开始的大陆位置不是件容易的事。不过，绝大多数地质学家都认为北美大陆和格陵兰岛应该被接合起来并位于西欧边上，三者共同组成了北半球的原始大陆——劳亚古大陆。而非洲则可以和南美洲接合在一起。根据对古生代早期的化石、地质构造和古地磁数据的研究，科学家认为澳大利亚、印度和南极大陆原本应该连在一起——可能早于劳亚古大陆的分裂。到了古生代末期（大约 2 亿年前），劳亚古大陆和南半球的

泛古陆

劳亚古大陆 古地中海

冈瓦纳大陆

泛古洋

5.9 亿年前　　　　　　　　3.5 亿年前

超级大陆——冈瓦纳大陆合起来形成了一个巨大的大陆，叫作泛古陆。在那时，泛古陆的东部被一个巨大的海洋——古地中海分割。古地中海在地球上存在了好几百万年。

在三叠纪（2.2亿年前），北磁极位于现在美国的阿拉斯加州，而南磁极则在靠近南极洲大陆的海岸。1.6亿—1.2亿年前，超级

在古生代，泛古陆从北极延伸到南极，唯一的一个海洋——泛古洋围绕着它。3.5亿年前，位于南半球的超级大陆——冈瓦纳大陆（南极洲大陆、澳大利亚大陆、南美洲大陆、印度大陆和非洲大陆的祖先）漂移到了南极，而古代的中国大陆、劳亚古大陆和西伯利亚大陆则形成了另一块独立的北半球大陆。劳亚古大陆中包括后来成为北美洲大陆的地块。2.5亿年前，大陆又开始接合在一起，重新形成泛古陆。新生代时，大陆漂移又发生了，冈瓦纳大陆与劳亚古大陆分离，并各自进行分裂，从而形成了今天的大陆。

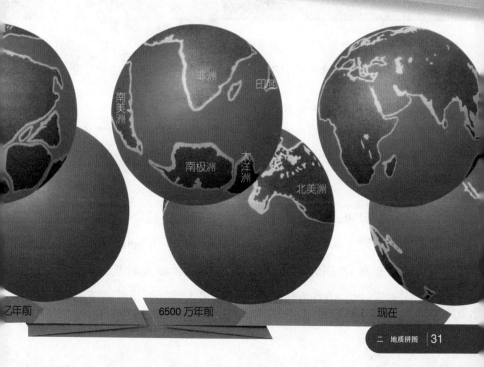

亿年前   6500万年前   现在

↑ 大陆地盾（中部区域）已经稳定存在了几亿年。但是，由于大陆板块的漂移，它们也移动了很长的距离。澳大利亚的艾雅斯岩（大红岩），是前寒武纪时期澳大利亚板块接近南极大陆板块时冰川沉积物形成的遗迹。

↑ 舌羊齿种子蕨被埋在了冈瓦纳超级大陆的岩石中。它们的化石遍布南半球的大陆。

大陆逐渐分离，新的海洋在南北美洲大陆、非洲大陆和印度大陆、非洲大陆和南美洲大陆之间形成。约8000万年前，澳大利亚和新西兰——原先是连在一起的——开始分离。到了4000万年前，澳大利亚大陆最终与南极大陆分裂并漂离极地。

3 板块和地柱

新的地壳不停地在洋中脊处产生，并引起地球大陆的移动。然而，地球并没有膨胀或收缩，因此如果要保持平衡就必须有地壳被毁掉。板块构造理论的提出解释了地球是如何达到这种平衡的，同时解释了大陆的全球性漂移现象。

20世纪初期，大陆漂移的观点备受怀疑，因为大部分人都难以想象地幔将厚厚的岩石圈从一处移到另一处。然而，德裔美国地质物理学家本诺·谷登堡（1889—1960年）证明了尽管地幔极具黏性，但其内部仍然存在对流。这一发现对于大陆漂移学说的发展非常关键。

20世纪中叶，科学家开始应用地质物理技术和深海采集岩石样本的技术来探测洋床。他们最终找到了关键的地质证据，表明洋床和大陆一样是处于运动状态的。随后他们揭示了地球的岩石圈是由7大板块及一系列小板块组成的，这些板块受地幔内部运动的作用而沿着岩流圈移动。

地幔被认为处在对流运动中，有物质沿洋中脊线（扩张轴）向上涌出。灼热的地幔衍生岩浆比周围物质轻，所以就会向表面上升。在上升的过程中，它们逐渐冷却、结晶，并从扩张轴的侧面涌出。该冷却过程会引起收缩，扩张轴在沉降的海床的其他区域之上形成脊。

岩石圈的解构发生在狭长的俯冲带。在俯冲带，扩张的岩石圈会以45°俯冲到相对板块的下面，进而在地球内部被熔化并再循环。然而，有时

↓ 这是一张夏威夷列岛的远景图，照片右下角是考艾岛。夏威夷火山链至今仍很活跃。在夏威夷群岛海面以下向东延伸的地方，新的岛屿也许正在形成。

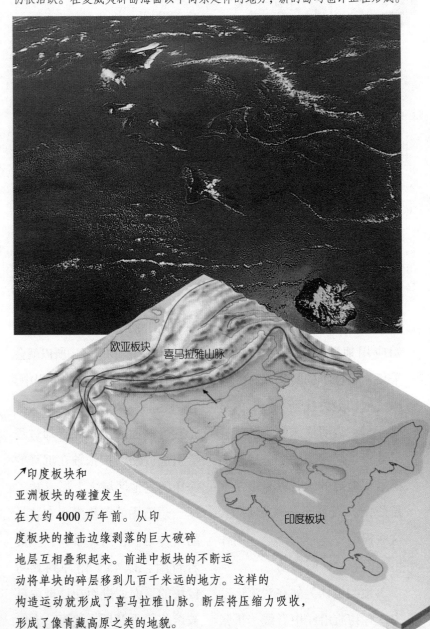

欧亚板块

喜马拉雅山脉

↗印度板块和
亚洲板块的碰撞发生
在大约 **4000** 万年前。从印
度板块的撞击边缘剥落的巨大破碎
地层互相叠积起来。前进中板块的不断运
动将单块的碎层移到几百千米远的地方。这样的
构造运动就形成了喜马拉雅山脉。断层将压缩力吸收，
形成了像青藏高原之类的地貌。

印度板块

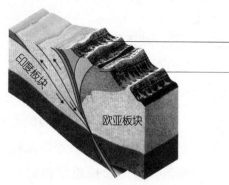

喜马拉雅山脉形成

古老海洋地壳中的沉积岩

印度板块

欧亚板块

↑ 在印度板块接近欧亚板块时，海洋地壳中的沉积岩受压并被往上挤压形成崎岖的喜马拉雅山脉。

✍列岛的形成最初始于地幔热点上方的单个盾状火山（1）。该火山运动在该处会持续几百万年的时间，并且火山最终会露出海平面形成一个新的岛屿。

随着海底的扩张，岛屿开始漂离地柱，地柱上就会形成新的火山（2）。此过程重复，就产生了火山列岛（3）。

洋中脊

火山岛

1

2

岩浆上涌
海底扩张

3

新火山

老火山

热点

候两大板块会产生会聚，在这种情况下，板块就会挤压在一起形成山脉而不是发生俯冲。印度洋板块和亚洲板块就是沿着喜马拉雅山系挤压，互相将地壳挤在一起。

更多局地化的地幔上升可能发生，这些地幔被称为"地柱"或"热点"。夏威夷群岛下面有一个生命周期很长的地柱，其他很多地柱都处在非洲大陆的下面。各种不同大小的地柱是金星上热流的主要来源，金星地柱与地球上的地柱一样，缺乏板块边界。那些较大的金星地柱明显已经活跃了很长一段时间，它们最终生成了和地壳扩张联系在一起的上升火山山丘。那些较小的地柱则会引起环状地质结构的形成。火星上也有显著而长期的地柱活动，巨大的盾状火山在上涌的岩浆地柱上方生长。

尽管火星有一些古老的地质结构能够证明火星过去有类似洋中脊的结构存在，但地球似乎仍是唯一一个有多个板块的星球。

冕（如金星上的"爱妮"）被认为是形成于地柱上面的，主要特征是同心且呈放射状，它们和火山（不管是熔岩流还是小型盾状火山）有密切的联系。很多冕有一个中心突起，周围是凹陷的深沟。

4 海底之下

自 20 世纪 30 年代末期以来，新技术为我们揭开了海底地质的面纱。重力测量和地质构造设想——对海面高度的精确测量可以帮助科学家描绘出海底地图——极大地增加了人类对海底世界的了解。海床一点也不平坦，它上面林立着众多平均高出海床 2000—3000 米的山脉，组成了绵延 8 万多千米的巨大全球海洋山脉网络，它们就是洋中脊。在冰岛、阿森松岛和加拉帕戈斯群岛等地区，洋中脊露出了海平面。海底还被深深的海沟切割，并被海山隔离，海沟的出现往往暗示着该地区为俯冲带。

洋中脊系统代表着新地壳形成的地点或建设性的板块边缘——该发现是地球科学的一个重大突破。玄武岩火山作用（主要包含的是玄武岩的上涌岩浆）是洋脊的重要特征。地幔内部的对流运动使其上面的岩石圈移开，这使得灼热的岩浆能够达到海床表面。在洋脊的顶部有一处裂区，它以每年 2—15 厘米的速度将海床分开。海洋地壳不能承受足够的压力来使扩张速度和对流模式发生变化，洋脊组成竖直部分由转换断层抵消，同时板块的不同部分相互滑过。

其中，关键信息来自对沿大西洋中脊的古地磁研究。科学家发现，冰岛附近的洋脊轴两边的岩石中只有一半是显示正常磁极性的，其余的则显示了反转的磁极性（磁针指向南）。海洋地壳中的磁条显示了正常极性和反转极性模式，板块分离的第一阶段是地幔内部开始新的对流模式——地球内灼热的地幔物质往上升。增高的温度和浮力使上升中的地柱拱起海洋地壳，并向外延伸（1）。随着板块继续分离，变薄的海洋地壳更加破碎（2），最后一个沿着海底轴上升的裂谷就形成了。

海底熔岩的磁异常揭示了极性曾经反转。正常极性和反转极性岩石交替出现是由于在背离型板块边缘的熔岩连续带被挤出造成的。在洋中脊和相关的裂区，新的海床被创造出来，然后又被地幔横向运动从脊轴区运走。

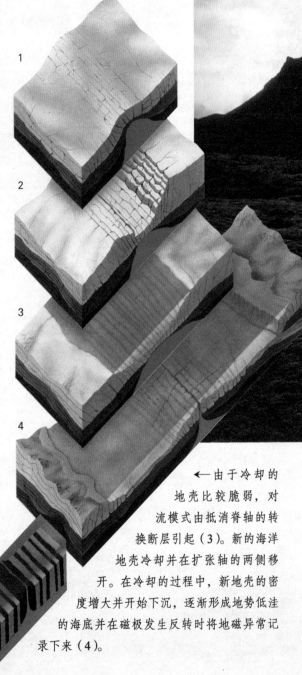

1

2

3

4

由于冷却的地壳比较脆弱，对流模式由抵消脊轴的转换断层引起（3）。新的海洋地壳冷却并在扩张轴的两侧移开。在冷却的过程中，新地壳的密度增大并开始下沉，逐渐形成地势低洼的海底并在磁极发生反转时将地磁异常记录下来（4）。

↑ 冰岛位于大西洋中脊——雷克雅尼斯洋脊的北部边缘地区。它是地球上洋脊露出海面的几处之一，在这里，洋脊沿线的火山喷发在海面上而不是在海面下几千米的地方。冰岛中心地区的火山非常活跃，1963 年，冰岛南部海岸边的火山活动形成了瑟尔塞岛（左图）。

反映在洋脊顶部的两边。通过检测单个磁条，科学家发现离脊顶越远的岩石，它们的年龄也越大。换句话说，海床是不断向外扩张的。这样的扩张在所有洋脊中都存在。在过去的8000万年间，大西洋以每年0.02米的速度不断扩张。洋中脊每年能制造约4立方千米的新地壳。

更令人兴奋的发现来自国际钻探工程——深海钻探工程。1968年，一艘钻探船"格洛玛挑战者号"在深海盆地上钻了将近1000个洞，采集了许多深海沉积物和深海地壳的样本。一个早期的发现表明：地中海在1200万—500万年前曾完全干涸过，现在埋在它海床中的厚厚的日晒盐床就是证据。

←直到最近几年，勘探深海底的地质活动才成为可能。不过，现在通过潜水船，科学家就能够亲自下到深海中去观察研究，而不仅仅是靠钻探采集的岩石样本来研究。最有意思的发现之一是"黑烟囱"——富含矿物质的灼热喷泉（有时候颜色是白色而不是黑色的），它们从洋中脊地质运动活跃的地区喷出。它们内部甚至有具备特殊适应性的深海生物群落，科学家推测该区域可能是地球原始生命诞生的地方。

5 弧形列岛

太平洋上分布着地球上最大的列岛群，它们从东南方的新西兰开始，经过汤加、印度尼西亚、菲律宾和日本一直延伸到阿拉斯加沿岸的阿留申群岛。该区域被称为环太平洋"火环"，因为这里的火山活动和地震非常频繁，仅印度尼西亚半岛上就有150个活火山。这种弧形列岛是因两大地壳板块碰撞地区的火山作用形成的。尽管大西洋和地中海上有一些小型弧形列岛，但绝大多数的弧形列岛都位于太平洋的边缘。

弧形列岛向海洋中心延伸的地方通常有长达1000千米的海沟。太平洋马里亚纳海沟的最深处超过1.1万米，它是地球的最深点，是海洋盆地平均深度的两倍。海沟对着大陆的一侧往往会更陡峭，太平洋的海沟一般都比大西洋的海沟深。当两大板块发生碰撞时，大洋地壳与密度较小的大陆地壳会挤到一起，最终海洋地壳会被向下推入地幔，海沟就是在这一过程中形成的。

对现代弧形列岛形成过程的发现，使科学家认识到弧形列岛岩石在几百万年前或几千万年前非常活跃，这使地质学家能够推断过去板块运动的模式，还能更清楚地理解大陆形成的过程。这些岩石表明弧形列岛是在火山活动中形成的，它们主要由花岗闪长岩（和花岗岩类似的粗糙火成岩）组成。花岗闪长岩和大陆岩石很像，与海洋地壳岩石却截然不同，甚至在阿留申群岛情况也是这样的——那里的弧形列岛

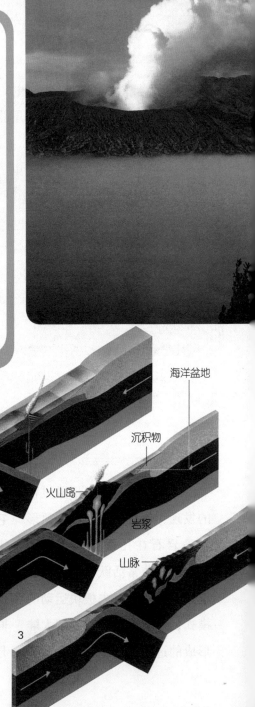

↓ 移动的岩石圈板块碰撞就会产生弧形列岛。当一个板块被推到另一板块下方时（俯冲）（1），某些地壳会熔化形成岩浆，它们会涌上地壳表面形成火山，该火山最终会变成岛屿。沉积物就会积聚起来，并且由于板块运动的继续，海底盆地越来越小，而两边的大陆就会逐渐靠近（2），弧形列岛的一侧随着沉积物的堆积也会增长。最后，海洋盆地就会愈合（3），由变形沉积岩和变质岩组成的山脉就会形成。

海沟

俯冲

海洋盆地

沉积物

火山岛

岩浆

山脉

1

2

3

←婆罗摩火山只是爪哇岛上 50 多座火山中的一座。爪哇南部海岸有着印度洋中最深的海沟，它是由于地球地壳中印—澳板块进入到欧亚板块下面造成的。

形成于两大海洋地壳板块的碰撞，这意味着形成弧形列岛的过程与其他发生于海洋中部的地质活动（如在地幔热点上方形成火山岛）是很不一样的。

弧形列岛最终会吸积到邻近的大陆上。往北移的澳大利亚板块俯冲到往东南方移动的东南亚板块下面，印度尼西亚列岛就在该处生长起来。最终，当这两大板块相遇时，它们之间的所有的海洋地壳都会被毁，最终形成一个大陆而不是弧形列岛。新生弧形列岛的岩石会与亚洲大陆相撞，引起包括变形、熔岩和变质在内的一连串复杂反应。经过这一系列反应后，弧形列岛最终会被吸积到亚洲大陆的边缘上。

通过对弧形列岛的研究，地质学家能够预测这些地区拥有的不可避免的火山爆发和地震活动。发生在海沟附近的地震一般都是浅源地震，而离大陆较近的地震震源就相对深得多。这一发现证明了贝尼奥夫带——倾角为 45° 的地震活跃面——的存在。 这些地震活跃面代表着海洋地壳俯冲活跃的地区，贝尼奥夫带的发现为板块碰撞引起的俯冲运动提供了重要的证据。

↓马里亚纳海沟、菲律宾海沟和琉球海沟由于太平洋地壳被挤入亚洲板块下面而往西移动。在菲律宾海沟和马里亚纳海沟之间有一个不活跃的区域，该区域在 2500 万年前曾形成过一座山脊和一个海洋盆地，但后来它们消失了。

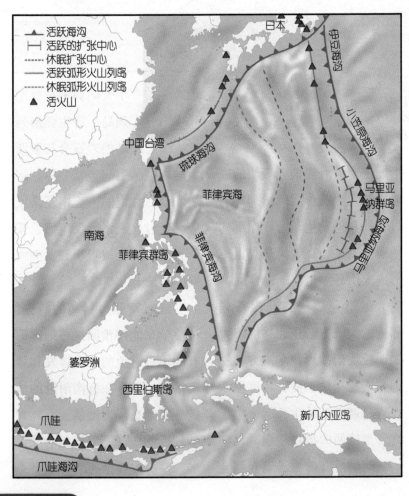

6 裂谷

5000万年前，马达加斯加岛开始脱离非洲大陆。今天，非洲仍在分裂，该裂口从红海和约旦河谷开始，经埃塞俄比亚并穿越肯尼亚往南直到非洲南部边缘。这一区域就是人们熟知的东非大裂谷，它是一个长达5000千米的断裂区，于第三纪中期（约3000万年前）因大陆漂移造成。在东非大裂谷形成的1亿年前，同样的过程造成了超级大陆——冈瓦纳大陆的分裂。

大陆沿着断层弱作用点组成的线分裂，这种地质运动会造成岩石的断裂。断层之间的凹陷陆地形成裂谷，一块地壳在断层之间下降部形成地堑，该过程往往还伴随着一个上升断层地壳的产生，该地壳被称为地垒。这些对比鲜明的岩石块形成了特征化的峡谷和裂谷山峰。

非洲大陆东部的一个主要特征是它自身是地壳的一个广阔的穹隆地块（它目前仍占据了肯尼亚大部分地区），该地质构造主要由大陆地壳下的灼热地幔物质上升形成，它大概在第三纪时就已经开始扩张。大裂谷的断层运动在2500万—500万年前的中新世时期达到顶峰，还伴随着延续至今的火山活动。

坦桑尼亚境内的主要裂谷断层可达3000米深，并且裂谷本身（在维多利亚湖附近一分为二）也有200千米宽。地壳运动造成了火山活动，从而产生了大量平伏的玄武岩和响岩流，以及一系列巨大的成层火山（有明星的圆锥形的火山），这其中包括非洲最高的

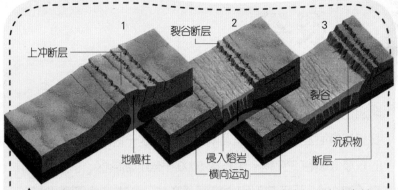

↑ 裂谷发展的初始阶段（1）是由地幔物质中的上升地柱造成地壳拱。潜在分裂地区是高热流区和地震活跃区（2）。之后，地壳下面的岩石熔化形成岩浆。由于岩浆上面的岩石圈已经被拉伸且变薄，岩浆就很容易接近地表。熔岩从地表挤出后会覆盖在裂谷的底部和侧面，垂直断层就产生了。随着扩展的继续，裂谷变得更宽，一系列正常断层也产生了（3）。这时候的火山活动变得更集中，并且由于岩浆要穿透大陆地壳，因此火山变得具有高爆炸性。

山——乞力马扎罗山。

裂谷和火山活动是岩石圈下面的地幔物质上升的典型区域。范围最广的陆地裂谷断层都在洋脊系统沿线。如果非洲继续以现在的速度分裂，那么一个新的海洋最终会出现在裂区，一个新的大陆就会形成。

火星和金星也受断层地质作用的影响。1971年访问火星的"水手9号"探测器是首个拍摄到了水手号谷照片的探测器。水手号谷是火星赤道的一个被深断层包围的峡谷系统，该峡谷形成于岩石圈中的萨锡斯高地，它的边缘地区陡然下倾6000米。金星上最壮观的地质构造位于β区，它是几大构造区相交且火山活动剧烈的一个区域，可能形成于古老上升地柱（由行星地幔的灼热物质形成）的上方。

三

变化的世界

1 岩石的记忆

岩石是矿物的集合体，所有的矿物都来自行星内部，是熔融状态的岩浆冷却时结晶而成。这类晶体都是在相当大的压力和温度——500℃（花岗岩）和1100℃（玄武岩）——下形成的。所以，当它们到达地球表面时，由于低温和低压，它们并不一定能够保持稳定。而且，事实上大部分岩石的结构本身就存在很大的脆弱性。

在地球表面，露出地面的岩石被水、风和冰破坏。破坏很容易沿着岩石天生的脆弱点诸如岩层面、接合点和断裂面等区域发生，最终岩石支离破碎。岩石碎片会在重力、流水、冰和风的共同作用短时间内被送到其他地方。在此过程中，岩石碎块彼此之间或者与其他露出地面的石头之间相互碰撞，最终分解成单体矿物颗粒。之后，这些岩石颗粒就沉积为沉积岩层或地层。

结合性石英是花岗岩的主要成分。石英在其他沉积岩中也很常见，这些沉积岩由上述的风化作用及之后的沉积作用形成。石英有结合性很强的原子结构，这使得它对化学侵害具有抵抗力。在这方面，石英与同样为花岗岩组成成分之一的长石完全不同：长石的晶体因裂面的存在和能够轻易被弱酸性水分解的分子而显得脆弱。因此，长石颗粒被逐渐分解形成黏土，它们的其他成分则溶解，被小溪或河流带走，最终在其他地方再结晶。除石英外，其他成岩硅酸盐物质都要经历相似的降解过程。

沉积物被河流（或冰川）运送到海洋或者湖泊中的过程不仅包括矿物颗粒的层层堆积，也包括促成矿物质的最终溶解。有时候，沉积物被掩埋后，沉积物颗粒间的水分被固定住，上述过程就会产生结晶化的类混凝土。对于将分离的颗粒转换成固体岩石而言，发生在沉积之后的作用过程是非常重要的，比如巨大的压力之下，矿物颗粒空隙之中的水分被挤出，矿物颗粒就会更紧密地结合在一起。

很多石灰岩是直接从海水中沉积而来的，它们由碳酸钙构成，这些碳酸钙是由空气中诸如二氧化碳之类的成分与海水中的碳酸反应而成。碳酸盐也被海洋生物利用建造其外壳。二氧化碳固定在固体碳酸盐中的一个好处就是能避免其在地球大气层中的累积，如果没有这个作用，温室效应早就会在地球上发生并阻止生命的发展，就像金星上的状况一样。

火星上大多数的侵蚀作用和广泛分布的尘埃的搬运都由风来完成，而曾在火星上流动的水和冰则都在沉积物中。金星上没有水，一些撞击留下的残余物依靠风移动，并可能在固体微粒和气体混合而成的混浊流的作用下沉淀。

→这些陡峭的石灰岩悬崖位于意大利阿尔卑斯山脉东北边缘的多洛米特斯锯齿状山峰之中。大约1亿年前，阿尔卑斯山脉因非洲大陆板块和欧洲大陆板块的挤压而形成。这使得古地中海（位于两个板块之间）富含石灰质的沉积物被压缩形成岩石，并在大陆板块挤压力的作用下熔化成岩浆。直到今天，这个地区的构造活动仍然十分活跃。

长石　　　　灰黏土

石英

云母　　　　红黏土

磁铁矿

致密的黑铁矿　褐铁矿

↑在花岗岩中，扁平的长石棱柱与黑云母的褐色薄片形成了鲜明对比。无色的石英晶体充满了它们之间的缝隙。不透明的颗粒是氧化铁（磁铁矿）。花岗岩的风化产生了长石，并转化为黏土；具有极强耐受性的石英则形成次级岩石的颗粒；云母同样会转分解成黏土；而分布最普遍的氧化铁——磁铁矿相对难溶于水，因此仍然部分地作为不透明颗粒保留下来。

↓ 图中显示的是在美国犹他州发现的砂岩巨石。该地区目前已变成一个稳定区域。全新世时代，中生代砂质岩石形成的高原地形被侵蚀剥落，从而遗留下台地、山丘和小山顶，这种地貌可以在拱石国家公园里看到。最终的地貌是由风蚀形成的。最初联合在一起的岩石被日复一日地膨胀和收缩、结冰和解冻以及洪水分裂开来。

2 曲折的海岸线

连绵几十万千米的海岸线界定了地球上的海洋。海岸线由与海洋相关的力塑造而成，是在不同年龄、不同弹性的岩石中凿出来的。河口打断了海岸线的轮廓，并从大陆内部带来了沉积物——它们往往在河口堆积起来，形成广阔的三角洲。波浪和海流可能会使一些沿岸沉积物重新分配，进入邻近的海岸。

一些海岸线形成于上升的大陆边缘。冰期冰川回退后的均衡调节或再平衡作用使大陆的一部分上升；或者就是大陆边缘由于板块运动自己从海洋中露出来。

外露的海岸线显示了波浪冲击悬崖带来的侵蚀，以及提升的海滩——遗留的旧海岸线已被提升于海平面之上，并被化石性悬崖支撑。相反，海岸线下沉显示了这里的陆地相对海平面下沉，这种现象可以在英国东南海岸发现。海岸线下沉现象发生时，海岸平原可能会被淹没，山脊和山丘则成为海岸附近的岛屿。

海浪的力量是巨大的，波浪的水压作用撞击着绝壁内的连接点和脆点，并将它们一点一点地肢解。我们已经知道波浪能够将洞穴的顶部冲毁。

600千米

在陆地和海洋的接合处积累起来的残留物质能够使这种冲击作用更有力量。在暴风和特别高涨的潮水作用下，沙子和沙砾会增强波浪的冲刷作用，从而增加对海岸的侵蚀。

沙滩的沉积物部分来自河流和它们的三角洲，部分来自海岸峭壁的侵蚀。那些由松软岩石（如黏土）构成的峭壁发生崩塌是很普遍的，它们迅速被海水侵蚀，解体物质则以相对较快的速度被运走。潮汐会在泥土大小的颗粒沉淀之前将它们冲离海岸。更坚硬的岩石对冲击的抵抗力较强，因而容易形成海岬。由峭壁

海底电报电缆

地震的时间和地点

200 千米

电缆被破坏的时间

千米

↑ 1929 年，发生在纽芬兰的大浅滩海底地震引起了海岸外的沉积物塌陷，并形成了强大的混浊流。相对致密的悬浮物使其无法与周围的海水混合，因此这些沉积物在海底以 70 千米／小时的速度扩散，在很多地方切断了跨大西洋的电报电缆。切断发生的时间正好记录了这股混浊流的进程。

↓ 冲入爱尔兰的大西洋海岸峭壁的波浪的力量侵蚀了峭壁的岩石表面，并留出不少空间及一些海蚀柱——在水中伫立的岩石。

基部附近的这类岩石产生的鹅卵石和沙子就形成了海滩。倾斜的海滩减少了峭壁的侵蚀，因为它们吸收了破坏性波浪的大部分能量。

大陆的边缘缓缓地倾斜入海，形成了大陆架。在热带地区，如果有合适的洋流，这些大陆架就会为珊瑚的生长提供一个理想的环境。这些珊瑚会制造出群礁，有时候它们甚至能够在凹陷的岛屿上制造出环礁。

在不稳定的地区，来源于陆地、在大陆架边缘堆积的

←日本的内海是太平洋的一条狭窄海湾，位于四国和九州（日本四大主岛中的两个）之间。这一地区的大多数地方都在下沉，包括日本海自身和九州岛的海岸线。当陆地下沉到被海洋淹没之后，很多山丘就变成小岛。断层位于这些岩石海湾的边缘地带。源自陆地的沉积物最终沉淀的地方，会形成沼泽地。

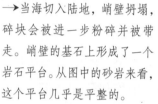

→当海切入陆地，峭壁坍塌，碎块会被进一步粉碎并被带走。峭壁的基石上形成了一个岩石平台。从图中的砂岩来看，这个平台几乎是平整的。

沉积层就会在地震的扰动中移动，从而产生由沙子、泥浆和水组成的混浊流。这些混浊流涌下大陆坡直到扩展向海的深海平原，最终沉积为混浊岩。这些地下的坍陷是形成大陆坡的重要机制，它们可以由激烈的波浪活动引起，比如海啸、飓风或海底地震。

在远离陆地的深海底，唯一的沉积物就是生物软泥——由海洋水藻和硅藻生成，它们有时候还能得到火山灰的补充——火山灰喷入大气后，有一部分会落在海洋中，并慢慢沉淀到深海平原上。

3 绵延起伏的山脉

岩石圈板块会聚的地方会产生压缩应力。在该应力的作用下，大陆边缘地区或弧形列岛沿岸累积而成的沉积岩就可能被巨大的海底塌方肢解，这种海底塌方通常发生在俯冲活动和碰撞的过程中。当这些沉积岩被运到海底深处时，就会变皱碎裂，像被巨大的虎钳夹住一样。这样，经过一系列变化后，最终形成褶皱山脉，这就是造山过程。

安第斯山脉沿着南美洲西部海岸延伸，这些年轻山脉是纳莎板块（太平洋海床的一部分）被西进的南美洲板块（其板块边缘是南美洲大陆）挤压并俯冲而成的。海洋板块以25°的倾角俯冲到大陆板块下面，并在离海岸的不远处形成深深的海沟。在海沟线往东300千米的地方，安第斯山脉上升到了最高点，那里有很多活火山。

安第斯山脉以线形排列、剧烈变形的岩石为特色，这些岩石是在中生代以前形成的，它们在中生代后期褶皱变形。深埋的沉

秘鲁–智利海沟——

纳莎板块

积岩变形和再结晶形成了变质岩，而大量的岩浆则往上涌出，形成了由花岗岩组成的岩基。这些岩石的密度都比周围物质的密度要小，因此会增加大陆边缘的浮力。造山运动的最后阶段发生在第三纪的末期（1000万年前）。地震和火山活动到今天仍在持续。

在北太平洋沿岸，与上述情况类似的地质运动形成了其他北部山系。但是现在，往

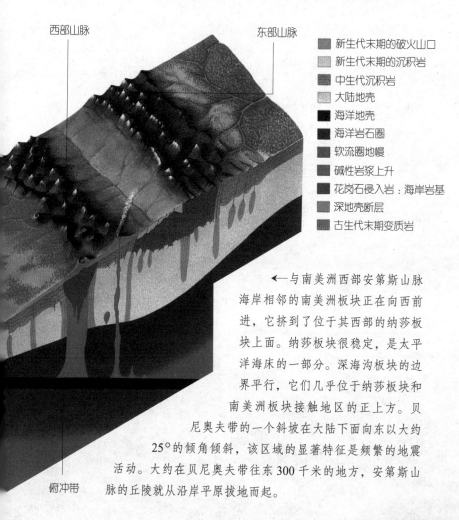

西部山脉

东部山脉

- 新生代末期的破火山口
- 新生代末期的沉积岩
- 中生代沉积岩
- 大陆地壳
- 海洋地壳
- 海洋岩石圈
- 软流圈地幔
- 碱性岩浆上升
- 花岗石侵入岩：海岸岩基
- 深地壳断层
- 古生代末期变质岩

←与南美洲西部安第斯山脉海岸相邻的南美洲板块正在向西前进，它挤到了位于其西部的纳莎板块上面。纳莎板块很稳定，是太平洋海床的一部分。深海沟板块的边界平行，它们几乎位于纳莎板块和南美洲板块接触地区的正上方。贝尼奥夫带的一个斜坡在大陆下面向东以大约25°的倾角倾斜，该区域的显著特征是频繁的地震活动。大约在贝尼奥夫带往东300千米的地方，安第斯山脉的丘陵就从沿岸平原拔地而起。

俯冲带

西北方移动的太平洋板块已经让位于西进的北美洲板块了。在加利福尼亚湾的北面，边界因转换断层（如圣安德里亚断层）而偏移。该地区附近没有深的海沟，且地震的震源也非常接近地表。这些特征都是在北美大陆挤上东太平洋海床以后才突现出来的，并且原来的"中洋脊"现已位于美洲大陆的下面，这就形成了东太平洋板块、现在的太平洋板块和北美洲板块的三联点。这种不稳定的板块接触慢慢抬高了大陆的边缘地区。

地球上海拔最高的山脉是喜马拉雅山脉，它形成于4000万年前印度大陆和亚洲大陆互相碰撞的地方。在喜马拉雅山脉形成以前，该地区存在着和阿尔卑斯山脉（形成于第三纪）年龄相仿的褶皱山脉。喜马拉雅山脉下面的大陆地壳厚度约有70千米，是地壳平均厚度的两倍。这是因为大陆地壳不易发生俯冲，所以碰撞产生的压力不是被褶皱作用而是被沿着缓角断层堆积起来的巨大岩石片吸收，这种力就叫作推力。

↓ 山顶白雪皑皑的安第斯山系东部山脉和安第斯山系西部山脉被一个高原（或称为高地）隔开。

4 地球的血脉——河流

　　雨水可能从地表流过或者渗入多孔的岩石，并在泉水线上水位较低处出现，最终流入河流的支流网。这些水流能运送沉积物并沿途将它们沉淀下来，它们或成为水道中的点沙坝，或以洪水沉淀的形式扩散到周围地区。

　　主流与支流共同组成一个河流系统——一个血管状的水流网络。在它的上游，斜坡比较陡，水流比较急；河流以悬浮或沿河床拖曳大一些的残留物的方式运送承载物。当河流最终进入海洋或湖泊的时候，它就会迅速失去能量并将它的承载物沉淀下来，形成沉积物三角洲。河流则必须在这里开一条新路。

　　世界上一些最大的河流，诸如密西西比河和亚马孙河，将巨量的水送入大洋。密西西比河每秒流量为 1.77 万立方米，亚马孙河的每秒流量则 10 倍于此。它们每年分别要运送大约 10 亿吨的沉积物进入海洋。现代密西西比三角洲下面是一个 6000 米厚的沉积层，它大约积累了 4000 万年的时间。目前，这条河平均每年仍在为它的三角洲增添 1.5×10^{-3} 米厚的沉积物。

　　火星表面也发现了遭受河流侵蚀的迹象——虽然它现在已经由于极度的寒冷而没有了流动的水。火星上陨坑区域之间的峡谷网很可能是被 15 亿年前流淌过的河流切割而成的。那些被严重冲刷的河道可达 200 千米宽、1000 千米长，看起来似乎是由巨量的水在瞬间释放造成的。据推测，这些水可能由地下冰融化而来。它

→河流起始于高地并流向低地和大海。它们可能起始于一个湖泊或者山脉中的瀑布，而后者会汇入溪流。支流（比较小的河流）可能会在任何一点上增加它们的水流。在上游，斜坡相对比较陡峭，所以径流以高速率流动。在这种情况下，大的石头能够被水流搬运下来。在河流的较下游，河道处于一个较小的斜度并且更宽，河水所具有的能量就会有所降低，河水只能搬动较小的碎块。

侵蚀崖

支流

瀑布

河流阶地

们可能跟美国华盛顿州河道交错、凹凸不平的地区相似，这些地区的地貌就是在最近的冰期中由一次天然决堤形成的。

一个主要河流系统的河道并不总是保持不变的，比如密西西比河。由于更新世冰期（200万年之前）海平面比现在低，因此为了平衡下降的水位，它切割出了一个深深的河床。当冰融化而海平面重新上升时，这条河就会泛滥，然后堆积在它的河岸两边形成了一条更加曲折的河道。这种情况每隔一段时间就会发生，它的

三角洲也就会不断发生变化，最终形成一个复杂交错的沉积模式。

当天气过于潮湿时，本该渗入大地的水就会在地表流过并进入河流，这会使河流的水量超过它所能承载的最大容量，洪水就这样形成了。1993年密西西比河的泛滥摧毁了5万幢房子，造成52人死亡。发生在2000年的莫桑比克大洪

↓ 当有几条主要河道曲折或笔直前进的时候，河道可能交织在一起。曲流通常与漫滩和牛轭湖联系在一起，它们是在曲流绕在一起切入另一条曲流，舍弃弯道以缩短路程时形成的。

水更为严重，它由飓风引起，持续了三个星期，对这个国家造成了严重的破坏。

在干旱地区，河流倾向于仅在特定季节流动并可能无法从内陆沙漠到达海洋，因此它们将沉积物沉淀在一些暂时性的湖泊中。在极地冰帽附近地区的夏季，季节性的河流也很常见。

↓ 在河口沉淀下来的沉积物形成了三角洲。河水的密度比海水低，因此它们并没有混合，这使沉积物能够远远深入大海中。沉积物在河床处以一个较河床更大的角度顺斜开去形成顶积层和底积层，呈枝状分布的支流流入大海。

曲流

牛轭湖泊

自然防洪堤

支流

顶积层

三角洲

底积层

三角洲平面

5 人迹罕至的沙漠

风是形成沙漠的最强有力的力量，它卷起沙粒并穿越沙漠表面运送它们。被风塑造而成的沙漠最大的特征叫作层形。当风吹着沙子蔓延的时候，层形上就形成了沙丘和波纹。在沙子沉淀的地方，沙丘顶端一般与盛行风方向呈直角。单个的沙丘有一个陡峭的前表面和一个平缓的背坡。由于沙丘特殊的生长方式（就像在矿渣场边缘剔除不要的岩石一样），它的层形表面倾向水平，这个特征被称为交错层。

具有相对稳定风向的地区广泛分布着被称为弧形沙丘的弯月形沙丘。这些沙丘地带常连接在一起形成一条宽广的穿越沙漠的波浪状束带。在赤裸的岩石表面，沙子可能被拉伸成长长的赛夫沙丘；而在风向变化的地区，沙丘则形成星状结构。风的另一个作用是侵蚀，风对空气中的小颗粒的不断研磨，使它们比那些在河流和海洋环境里产生的沙粒具有更佳的球形。更大的碎块无法被风刮起，只能被风在地面拖动，因而形成了有小平面的鹅卵石——三棱石。沙子被风移

↑ 该图是美国犹他州侏罗纪砂岩上的沙丘层理。

走，可能会形成诸如利比亚的卡塔拉盆地这种低于海平面 134 米的地区。个体岩石表面遭受程度不一的侵蚀，造成了它们极其不同的特征，如蜂窝状的峭壁面、石拱或石座。

哪怕是在最干旱的沙漠中，偶尔也可能出现降雨，这些降雨通常伴随着短而激烈的风暴，它们可能在短时间内迅速侵蚀和移动物质。在这种情况下，河流冲击而成的河谷和旱谷得以形成。被称作干荒盆地的季节性湖泊常存在于沙漠的内部，这些湖泊是充分颗粒化的沉淀物的聚集地。

↓ 沙丘呈现出四种变化。尾状沙丘由风吹过沙漠时，被诸如灌木和小山丘之类的小障碍物阻挡而产生。月牙形的弧形沙丘形成于有稳定风向和有限沙子的地区，它们可能会顺着风以每年 25 米的速度移动。星状沙丘形成于多变的风阻止沙子在任何表面的有规律沉淀的情形下。而在风向总是变化、沙子又相当多的地方，就会形成赛夫沙丘。在撒哈拉大沙漠中，这种沙丘可以达到 300 米高、3000 米长。

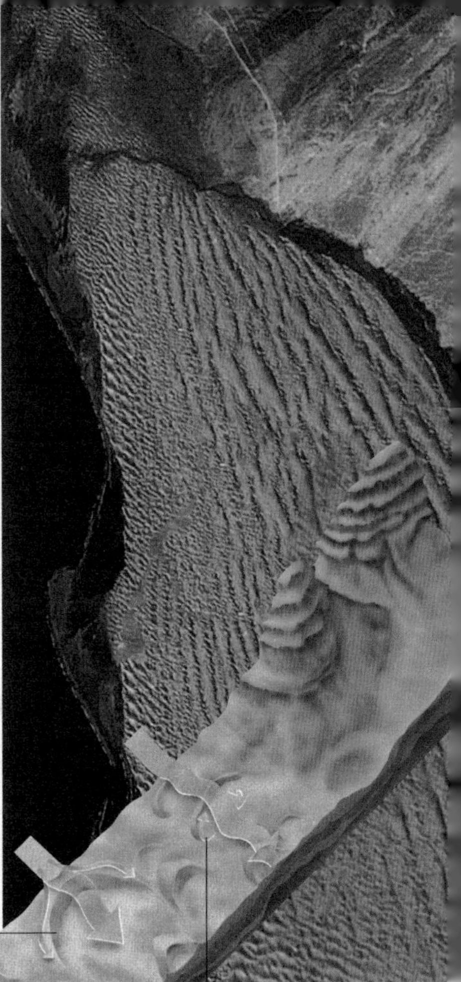

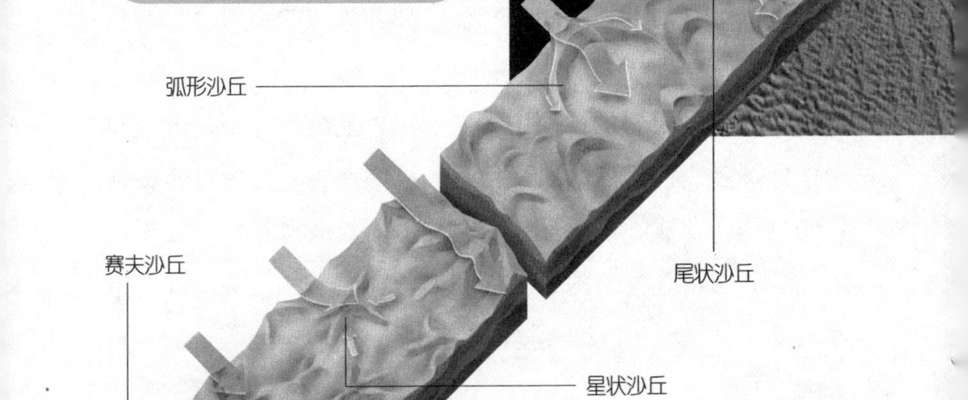

弧形沙丘

赛夫沙丘

尾状沙丘

星状沙丘

↑ 在这张地球资源卫星的自然色照片上，南部纳米比亚的砂质荒漠挨着北方的石质荒漠。沙丘沿着非洲西南部海岸线连绵 400 千米，占整个沙漠南北跨度的 1/3。

火星被认为是一个巨大而寒冷的沙漠，广阔的沙丘地带在极地冰帽附近发展起来，当全球性的沙尘暴发生时（往往在近日点附近），整个火星会被漫天的沙尘遮蔽。1971 年"水手 9 号"探测器接近火星时遇到的就是这种情况。金星上也发现了沙丘结构和风成条纹。

6 消退的冰川

地球和火星上都有极地冰帽。地球上的冰是冻结的水，而火星冰帽则既有冻结水又有固体（冻结了的）二氧化碳。在遥远的过去，火星上也可能曾经存在过移动的冰川这一推断既有理论支持，也是对火星上可能由冰川作用形成的陆地形态的观察的推测。地球拥有活跃的峡谷冰川和极地冰盖，它们随着季节的变化消退或前进。目前冰覆盖了大约 1500 万平方千米的地球表面，这意味着它大约占地球表面积的 3%。在最后一个冰期，冰盖扩张到了北美和欧洲的广大地区，那时它们都被冰川所覆盖，但现在冰已经仅仅存在于该地区的高山冰川之中。判定冰川过去的覆盖范围有两个依据：一是被困在移动冰盖之下的岩石的刮擦留下的冰川条纹；二是裸露在地表的光滑的羊背石。

冰川随着气候的变化在峡谷里前进或后退。当冰川前进时，它们就会搬运从地面剥蚀的各种物质；而一旦它们后退，这些物质就会遗留下来成为终碛。这些终碛的位置可以帮助地质学家们了解冰川作用的不同阶段。经过冰川作用，峡谷也变得更深，两边更加陡峭，产生平底、峭壁和 U 形切面，这些都是典型的冰川侵蚀特征。

目前，冰川仍然在后退，所以人们可能发现作为它们遗迹的沉积地形，其中包括低矮的圆丘状山——冰丘，以及长而蜿蜒的砾岩山脊——蛇形丘，这两种地形都与冰川运动

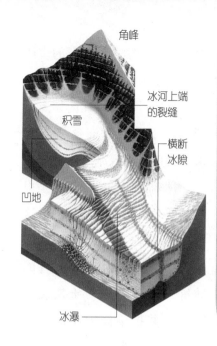

角峰

冰河上端
的裂缝

积雪

凹地

横断
冰隙

冰瀑

←在较高的地方，雪的积累比融化快，所以峡谷"头部"常有积雪。这些积雪可能被压缩成真正的冰并向山下移动。冰的刮擦作用会在峡谷头部侵蚀出一个冰斗。

↓冰的消退可能会使一个峡谷冰川覆盖在主要的峡谷底面之上。冰的融化遗留下了泪滴状的冰碛堆——冰丘，排列在冰川的初始流动方向上。裸露的岩石一侧被打磨，另一侧被刮掉，形成了羊背石。融化的水流出冰川"趾"，并有能力切入冰底碛和悬谷底面。

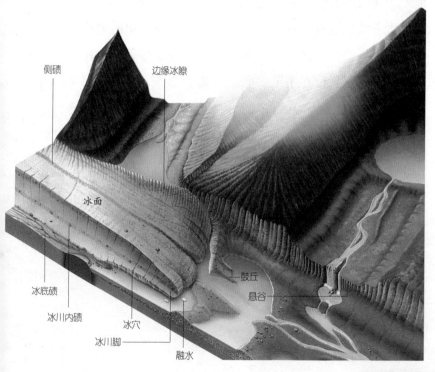

侧碛

边缘冰隙

冰面

冰底碛

冰川内碛

冰穴

冰川脚

融水

鼓丘

悬谷

方向平行排列，它们的古代副本模式可以被用来推测更早的冰川地理。另外，在典型的峡谷冰川边上，粗糙的残留物累积形成侧碛。

虽然这些特征给地质学家提供了关键的线索，但是它们并不构成冰川沉积物的主体。这些只是冰砾泥，也叫"冰碛"，它们是在冰下积累的冰碛残留物。这些残留物中有一些可能是从很远的地方被搬运过来的大石块，也有一些是沙子和沙砾的混合物。漂石在更新世冰盖退却之后留在了英国的低地，其中包括种类繁多的诸如来自挪威的火成岩和来自英格兰东部的白垩。埋在地下的冰砾泥受压缩形成冰碛岩。

对岩石序列中这种岩石的辨认使地质学家发现冰川运动曾经在遥远的过去发生在诸如澳大利亚、南美和非洲这些看起来不大可能出现冰川的地方。

冰盖边缘的土地仍然是很冷的——实际上是冰冻的。这些土地被称为冻土带，它们会在夏天解冻。这些交替的冰冻－融化循环使土地表面隆起，并把不同大小的碎块分类成堆，形成有图案的土地，从而给平坦的地面带来多边形石头。冬天，冰在地表之下堆积起来，夏天它们又开始融化，这就可能引起土地的塌陷。而在其他一些地方，含有气泡的冰可能被下面的压力托起而形成冰核丘。

四

天气与气候

大气的演变

不管是地球表面的哪个地方，空气的基本成分都是一样的：大约 77% 的氮气；21% 的氧气和 1% 的氩气，其他气体如二氧化碳和水蒸气只占其中很小的一部分；二氧化碳约占 0.04%。

地球上不同地区的空气成分都相同，各成分的比例也相同，正因如此，人们容易错误地认为：在地球历史上，大气的成分保持稳定。这一推断并不正确，事实上，现有的大气是地球上拥有的第三种大气。此前的大气对人类——实际上是对所有的动物——都有很大的毒性。

大约 46 亿年前，在太阳系形成之前，气体云中的分子和颗粒与宇宙中的尘埃开始相互落在一起。随着这一过程的进行，云团开始旋转，在云团中央，气体和尘埃受落在其上的物质巨大重量影响，极大地被压缩，这个压缩的区域后来演变成了太阳。云团外部则形成一个盘，随着粒子的碰撞粘在一起，行星开始形成。45 亿年前，地球就是这样形成的。

刚形成的地球与今天的地球有很大区别，大块的岩石不断地从空间落入地球，碰撞产生的能量以热的形式释放出来，使得初始地球非常炽热。当岩石撞击地球表面的时候，岩石中的一些成分受热蒸发出来，产生的气体形成了地球最初的大气，其中大部分是水蒸气。大多数空间中的岩石都包含水——彗星由于含水很多且看起来很脏，被称为"脏雪球"。由于地球温度太高，水不能以液态的形式存在，只能以水蒸气的形式存在。另外，原始大气中还包含少量氢气、氧气、一氧化碳和二氧化碳。

地球形成后不久，与一个火星大小的物体发生碰撞，结果，地球和这个天体都被撞得粉碎，地球上大部分的大气也可能随之消失了。随后，碰撞出来的岩石碎片重新聚集在一起，形成两个天体——地球和月球。随着更多的岩石撞击地球，地球大气被置换，其中一部分气体是由岩石的持续轰击产生的；另一部分气体是由火山喷发产生的——当时的火山比现有的火山要多得多。

最终，岩石轰击地球不再频繁，因为大多数的岩石都已经落入了地球或月球，地球开始冷却下来。水蒸气开始凝聚，并以雨的形式落下。降雨很猛烈，并且持续了很长时间，干旱的地球的大部分表面也因此被巨大的海洋覆盖。氢

↓大约45亿年前，地球仍在形成的时候，与一个火星大小的岩石质物体相撞。地球被撞得粉碎，产生的碎片重新聚合在一起，形成两个天体——地球和月球。月球绕着地球运行。

气（最轻的气体）漂入太空。这时的地球大气约含有95%的二氧化碳、3%的氮气和少量的一氧化碳及其他气体。

最初，地表的大气压力要比现在大得多，但是二氧化碳、水与岩石中的钙和镁发生化学反应，将大部分的二氧化碳转变成钙和镁的碳酸盐。这些碳酸盐沉入海底，被慢慢压缩成石灰石和白云石。这个过

↘藻青菌有时会吸取沉积物和有机物质，逐步形成图中这样位于澳大利亚、有4000年之久的垫状物，这些垫状物化石被称为叠层，是地球上最早的生命的痕迹之一。

↓一些藻青菌，如项圈藻，形成长的细丝。它们生长在草叶上、泥泞的沉积物表面上和淡水池塘里。藻青菌在光合作用中将氧气作为副产品释放出来，项圈藻还能将大气中的氮转化为植物可以利用的化合物。

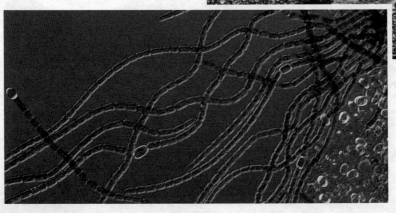

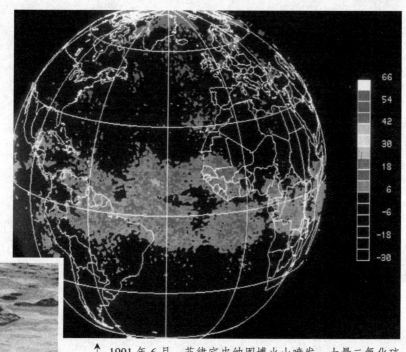

↑ 1991年6月，菲律宾皮纳图博火山喷发，大量二氧化硫云团喷涌到高空中。这张伪色卫星图像是在火山喷发后18天拍摄的。照片显示，二氧化硫云团（蓝色部位）已经蔓延到世界各地。

程可能持续了几亿年的时间。最终，这一过程缓和下来，大气趋于稳定，空气中仍然富含二氧化碳。这是地球历史上的第二种大气。

太阳在刚形成的时候，并不发光。没有足够的物质在太阳内核中累积产生高温和高压，以开始一场热核反应——这种反应正是太阳光和热的来源。当地球形成这样的第二种大气的时候，太阳开始发光，但是温度要比现在低25%—30%，也没有现在这么亮。

地球上，雨水从岩石中溶解矿物质，并将其冲刷进海里和小水池里。雨水还将大气中的二氧化碳溶解。当时，海水相当温暖；太阳在微暗地发光。随着来自太阳的能量，以及化学物复杂的溶解，出现了发生长序列化学反应的理想条件，这些化学反应使地球上出现了第一个活体细胞。因此地球在拥有第二种大气的时候，生命开始存在。

正是生物活动将第二种大气转变成今天存在的第三种大气。一些早期的生物细胞将甲烷释放到空气中，这些甲烷受阳光照射分解，产生的分子阻隔了部分太阳紫外辐射。然而，主要的变化开始于一些生物细胞从太阳光中吸取能量，将二氧化碳和水合成碳水化合物，释放出副产品——氧气。这个过程被称为光合作用。

完成光合作用的生物细胞也会发生呼吸作用——碳水化合物与氧气反应，释放出能量。呼吸作用消耗了氧气，并将二氧化碳重新释放到空气中。在海洋里，光合作用产生的大约0.1%的碳水化合物随生物尸体掩埋在海底的淤泥里。这防止了海洋中氧气被消耗，也防止了二氧化碳重新回到空气中。虽然总量极小，但是在那个时候，却足以使氧气开始积累。这些生物被称为藻青菌——现在这些细菌仍很常见。

大约20亿年前，大气中只包含现有氧气量15%的氧气。臭氧层是在大气中包含现有氧气量1%的氧气时形成的。随着越来越多的细胞遗体沉入海底，大气中的二氧化碳含量不断减少，氧气不断积累，直至达到目前的水平。光照提供了足够的能量使氮和氧发生反应，生成溶于水的硝酸盐。一些细菌消耗了含氮化合物，并将氮释放到空气中，补偿了氮氧反应消耗的氮。因此，大气中的氮含量保持稳定。就这样，地球有了现在这样的第三种大气。

2 近期气候变化

大约 240 万年前，全球气候开始变冷。冬季的降雪直到春季更晚的时候才融化，终年被雪覆盖的地区增加。随着雪越下越多，底部的雪被压成坚硬的冰层。冰层面积不断扩大，直至覆盖了现今的整个加拿大、现今美国从西雅图到纽约一线以北的地区，以及欧洲从伦敦到柏林再到莫斯科一线以北的大部分地区。冰层一年比一年厚，最终，一些地区的冰层厚度超过了 1.6 千米。地球也进入冰期。

然而，这并不是地球的第一个冰期，在地球以往几十亿年的历史中，也偶尔出现过冰期。但是，从 240 万年前开始的这次可能是延续到今天的一系列冰期中的第一次。在这次持续的冰期中，每个冰期持续 4 万—10 万年，每次冰期之间是较温暖的间冰期，每次间冰期持续 1 万—3 万年。

最近的一次冰期在北美被称为威斯康星，它大约开始于 7.5 万年前，结束于 1 万年前。威斯康星是该冰期的美国名称，然而这次冰期的冰盖也几乎同时覆盖了欧洲。这次冰期时，地球平均温度比现在约低 6℃。

大约 2.1 万年前，冰盖扩大到极限，这个时期被称为"极盛冰期"。这个时期，温度只在夏季的一小段时间上升到冰点以上，其他时间迅速回落到冰点以下。大西洋东北部也被冰雪覆盖，冰层一直向南延伸到葡萄牙中部；同时，沿北美海岸直至纽约也有冰层覆盖。但是，这两个冰层没有连接在一起。

　　气候很干燥，几乎没有水蒸气进入寒冷的空气中，因此不能形成云。天空湛蓝，偶尔有风将冰面粉末状的雪卷起，造成猛烈的大风雪，使天空呈现乳白色。下雪的时候，雪积留在原处。经过几百年时间，堆积在冰盖上的雪越来越多。这些雪有一部分是由海洋中蒸发出来的水凝结成的，水不断地蒸发出来，造成海平面下降了 90—130 米。

　　地球经历极盛冰期后，天气开始变

↓ "发现号"航天飞机宇航员拍摄的照片展示了早春时节南极冰盖的边缘。冰盖开始融化并解体的时候，向海面吹的风会将碎冰扯成带子一样的形状。

写给孩子的
地球简史 探秘我们的地球家园

↑格陵兰岛冰盖的边缘从陆地伸到海里。上图左边是刚分离出来的冰山。地球现在已经进入相对温暖的间冰期（富兰德里安间冰期），预计将来会进入另一个冰期，气候将再次变冷。然而，如果近期的趋势显示全球正在变暖，那么冰期模式可能被扰乱。

暖。有时，雪在下降过程中融化成雨。1.5万年前，欧洲西海岸的冰盖迅速融化，在北美，盆地的冰融化，形成五大湖。大约1.3万年前，从北美五大湖通过劳伦斯河到大西洋打开了一个通道。由于覆盖魁北克的巨大的劳伦森冰盖融化，冰水直接注入北大西洋。8500年前，覆盖整个欧洲的冰盖基本融化，只剩下斯堪的纳维亚半岛北部山区有冰盖。在北美，劳伦森冰盖依然覆盖着加拿大东北部，基瓦丁冰盖覆盖了直至哈德孙湾西部的大部分地区。

在一些地方，气候变化非常快。巨大的冰盖融化需要长一点的时间，但是全球平均温度可以在三年内，从完全冰期的温度上升到今天这样的温度，甚至更暖和。冰盖融化引起海平面上升，有时候上升得很快。大约8500年前，冰川边缘的湖泊向北冰洋注水，全球海平面几天之内就上升了20—40厘米。其他时间里，海平面以超过45毫米/年的速度上升，这样的趋势持续了一个多世纪。

随着温度上升、冰川融化，地面开始解冻，河流里冰冷、洁净的水也开始流动；植物种子和蕨类植物和真菌的孢子随风飘散到潮湿的土地上，生根发芽；低纬度地区的鸟类开始寻找食物，沿途筑巢下蛋；海豹在海边慢悠悠地走着；昆虫出现了；蜘蛛在它们编织的柔软光滑的网上随风飘荡。不久以后，植物长满了冰雪融化过后露出来的土地；昆虫饱尝新生的植物，并给它们授粉；蜘蛛捕捉昆虫为食。此外，还有鸟类，以及后来出现的陆地哺乳动物。地球在经历了漫长的冬天后重新恢复了生机。

随后，大约1.1万年前，情况变得很糟。劳伦森冰盖融化的水涌入北大西洋，海冰的边缘消退到从冰岛到纽芬兰一线。融化出来的淡水漂在海洋的咸水之上，改变了洋流的模式（在正常情况下，洋流会将赤道地区温暖的海水带到北方），海洋表面的温度下降了7℃—10℃，海冰再次推进到蒙特利尔所在的纬度线上。吹过洋面的空气遇水变冷，欧洲的气温下降到了冰期的温度。冰盖又一次覆盖了苏格兰西部高地。这次寒冷期持续了大约 1000 年。科学家们是在土壤里发现了高山植物——水杨梅属植物的花粉后第一次知道这个寒冷期的存在的——这种植物在现在的气候条件下因为过于温暖而无法自然生长。这种植物的拉丁文名字是 Dryas octopetala，因此这次寒冷期也被称为甾而斯冰冷期。事实上，它应该是后甾而斯冰冷期，因为此前发生过一个类似的寒冷期，在 1.22 万—1.18 万年前。

这次冰期大约于 1 万年前结束。地球进入了新的间冰期——富兰德里安间冰期。现在，我们仍处于这个间冰期。

↓ 图中的水杨梅属植物是矮生的高山植物。这种植物的种子在欧洲部分地方被发现，但现在这些地方过于温暖，水杨梅属植物无法生长，说明这些地区曾经非常寒冷，当时可能被冰覆盖。

3 全球气候

地球可能是太阳系中唯一存在生命的行星，这与地球和太阳之间的距离有关：地球和太阳的距离可以使液态水存在；这个距离又不至于使地表温度太高。地球上最早的生物出现在35亿年前，现在，地球上有上百万种生物。

地球从太阳获得光和热量，这些热量被大气、陆地和海洋吸收。地球表面不同地区接受的热量是不同的，因此产生出不同的气候带：热带、温带和极地。

气候带与高气压区和低气压区有关。如果近地空气受热膨胀，变得稀疏，则形成低气压区。暖空气上升，冷空气补充到暖空气原有的空间，结果形成循环的空气对流。暖空气在上升过程中逐渐冷却，变得稠密，于是开始沉降回去，形成一个高压区，因此亚热带是一个高压区。全球温度差异引起空气环流，暖空气从热带上升，向极地移动，热能以这种方式分布。一般来说，赤道和温带存在低压区；极地和赤道两侧的亚热带是高压区。空气流动时，地球自旋导致其流动方向发生改变，开始绕着一根垂直轴旋转。运动的空气（或水）发生自旋的趋势——正如我们每天见到浴缸里的水在旋转——是构成信风的重要方面。信风位于赤道两侧，在北半球从东北方向吹来，在南半球从东南方向吹来。

不同气候带的另一个重要差异是降水量不同，降水量与温度和空气运动有关。热带地区接收了最多来自太阳的热

↑ 肯尼亚国家公园里，非洲象在晨曦中漫步。肯尼亚属炎热的热带气候，那里可以见到的植被是热带稀树大草原，长满了草及稀疏的树和灌木。

量，从海洋和陆地里蒸发出大量的水蒸气——从陆地蒸发的较少。暖空气可以比冷空气容纳更多水汽，也更为潮湿；冷空气比较干燥。

热带地区的空气上升，在上升过程中变冷，失去水汽，大部分水汽凝聚成雨，落回到地面。更干、更冷的空气则继续向北移动，沉积小部分温暖区域的水汽。当这些空气经过温暖地区的时候，会再度受热，更多的水汽被释放入温暖区域。这些空气到达极地的时候，则是既干燥又寒冷。

气候决定了一个地区的植被类型及其数量。热带地区接收了最多的热量和水汽，拥有最大的生物生产力——植被总量。植被总量通常是以千克/平方米来衡量的，雨林每年生产的植被总量为 3.5 千克/平方米，相比之下，沙漠和极地的植被总量还不到 0.1 千克/平方米。沙漠地区的生物生产力低主要是受缺水限制，而极地是因为缺少光和热量。

↓ 卫星地图显示太平洋上风的方向和速度。一个明显的特征是：信风分别从北面和南面吹向热带。不同的颜色代表不同的风速：蓝色表示 0—14 千米/时，粉红和紫色表示 15—43 千米/时，红色和黄色表示 44—72 千米/时。信风因对早期远洋探险者和随后的商人有重要意义而得名。

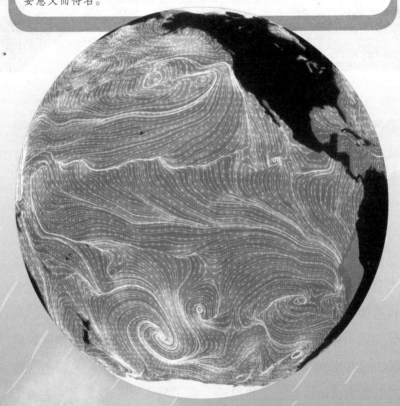

4 天气模式

天气是指日常的环境状况（如温度、降水）的模式。天气可能每天发生变化，也可能每小时都不同。气候则是指长期内（约30年）的平均天气状况。气候有时会在几年内发生变化，但不会每天不同。

天气缘于空气运动。暖空气没有冷空气稠密，有向上升的趋势，引起气压降低。风从高气压区吹向低气压区。如果地球不发生自旋，冷的、压力高的空气将直接从极地流向赤道，同时温暖的低压空气将从赤道流向极地。但事实上，空气运动受到地球绕地轴旋转的影响。空气运动的时候，地球也在空气下方运动，它们运动的速度不同，结果，空气向东偏转，在北半球是向右转；在南半球是向左转，它们的轨迹是一条曲线。上述过程被称为科里奥利效应，这也是空气绕高压系统旋转（反气旋）和低压系统旋转（气旋）的原因。反气旋控制下是平静的天气；在气旋控制下则是扰动的天气，如热带风暴。

在赤道，暖空气上升，使低层空气从高纬度地区流向赤道。这些空气就是信风，在北半球从东北方向吹来；在南半球从东南方向吹来。信风并不是直接向南或向北吹，因为这些流动的空气有绕垂直轴旋转的趋势。

信风区两边，位于南北纬30°—60°（温带）的是西风带。西风带是全球第二大主要的风系。西风带的风吹向极地，在南半球尤为强烈，因为南半球大面积的陆地较少，不能减弱风力。在温带，来自极地的冷空气形成东风，与来自赤道的暖空气相遇，但它们并不混合在一起，两股空气边界的温差在高空形成运动的风，称为射流。射流出现在距地面11千米的空中，平均速度为105千米/小时。射流就像蛇形飞行的管子，迂回行进，路径不定。

信风和射流随季节变化而转移——太阳直射从一个半球转移到另一个半球产生了季节变化。比如，在夏季，热带空气和极地空气间的分界面（称为极锋）向极地运动，引起热带以南的空气也向北运动，给中纬度地区带来温暖的天气（夏季）；冬季的时候，当极锋向赤道运动时，极地空气的推进带来更冷的天气。

信风以5°的夹角向南或向北吹。而在印度，夹角高达30°，部分原因在于该大陆的高温，在夏季使空气变暖，产生低气压区。同时，非洲和亚洲上空的射流（向东）冬季向南移，从青藏高原给印度带来干燥、高压的空气。夏季，射流回到北部，印度恢复低气压。

这种变化引起了冬季和夏季的季风。

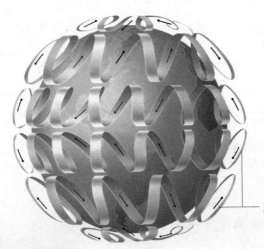

←由地球绕地轴转动产生的科里奥利效应，使北半球的风向右偏转，南半球的风向左偏转。这使暖空气向北流，冷空气向南流的这一基本形态更加复杂。

风向

↑ 飓风是巨大质量的涡旋的空气，并伴随着大量的云、暴雨和狂风。飓风在热带水域形成，上升的暖空气引来周围较冷的空气，引发大风暴。它在洋面上运动，聚集能量。飓风登陆的时候，狂风发怒似的清扫陆地，给地面造成严重破坏。所有热带风暴都是低压气旋。

→赤道炽热的空气上升，在热带变冷、沉降，产生高气压区。其中一些吹回赤道，形成信风；其他一些空气向极地运动，形成西风带。两股气流交汇，产生射流。

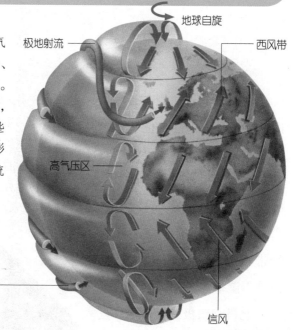

地球自旋

极地射流

西风带

高气压区

亚热带射流

信风

5 季节变化

　　当地球围绕太阳运动时，其轨道面与连接两极的地轴之间形成 23.5° 的夹角。当地球自旋的时候，只有一部分是面向太阳的，这就造成全球各地的白天和黑夜出现在不同的时间。

　　地球绕太阳运动的方式也决定了季节和每天的变化，最为明显的是，这影响了位于热带北面或南面的温带区域的天气模式。从 5 月到 9 月，地轴的北端指向太阳。随着地轴北端靠近太阳，太阳在北半球的天空中更高，地面接收了更多的热量和光能，温度也随之上升。夏至那天，太阳与地面的夹角达到最大，白天的时间最长。在另外的 6 个月里，从 10 月到次年 4 月，南半球倾向太阳，这时的南半球是夏季，北半球则是冬季。随着太阳在天空中的位置越来越低，地面接收的热量和光线越来越少，温度越来越低，白天越来越短。

　　在位于赤道两侧 23.5° 以内的热带，太阳总是位于空中相对较高的位置，这里温度的季节性变动很小，全年都很温暖。昼长全年基本保持恒定：白天 12 个小时，晚上 12 个小时。热带边缘的地区，气候温和，但是干湿季节分明。

　　北极和南极终年冰冷，夏

→地球倾斜地绕着太阳运转导致在高纬度地区产生季节。在季节划分中，每年有两个昼夜平分点，图中 2 和 4 的夜晚跟白天一样长；每年有两个至点，图中 1 的白天最长，3 的白天最短。

2

季那里没有日落，一直都是白天，这段时间是最温暖的；冬季中期，太阳从不升上地平线，一直是黑夜。地球上最剧烈的季节性变化发生在南极的冬季：冬天，由于海洋结冰，南极大陆的面积成倍扩张，有些地方的冰层延伸到了陆地1000千米以外。

地球上有各种季节性的风，冬季，寒冷的西北风吹过地中海地区，而从3月到6月，干热风从撒哈拉沙漠吹过地中海地区；北美早春时节，温暖干燥的风沿落基山脉东侧吹过，这种风被称为"切努克"（融雪的风），它使所经地区的雪快速融化。许多半热带地区——尤其是东南亚——受季风的影响，季风使这些地区夏季出现

↓ 南、北半球的季节恰好是相反的。北半球的春季开始于春分，到夏至——6月21日结束；夏天从夏至持续到秋分——9月23日；秋天是从秋分到冬至——12月21日；冬天从12月21日开始。南半球的春天开始于9月，夏天开始于12月，秋天从3月开始，冬天从6月开始。不同纬度的季节变化有所不同，纬度越高的地区季节变化越明显，纬度越低的地区季节变化越不明显。

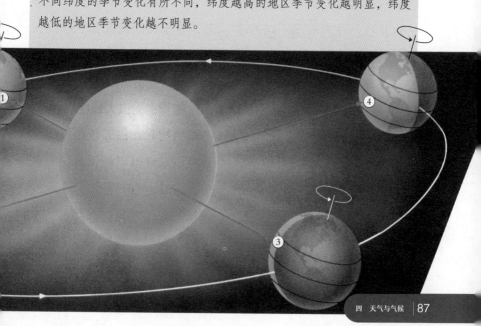

一些动物，如睡鼠，通过冬眠度过严酷的季节。它们会储存足够的食物，或者在冬眠前大量进食。

强降水，冬季则干燥少雨。

为了生存，动植物必须适应这些季节性的变化。昼长的变化（光周期）刺激动物改变它们的行为模式。为了找到充足的食物，许多鸟于不同的季节在世界上不同的地区之间迁徙，比如燕子在温暖的夏天生活在欧洲；秋天，白天变短，它们便向南飞到非洲，来年春天再回到欧洲。不能进行季节性迁徙的动物通常会冬眠。冬眠的时候，它们的心率降低、体温降低，进入一种睡眠状态，直至冬天结束。当白天开始变短的时候，它们就要准备冬眠了。这些动物储存足够的食物，在体内积累脂肪——这些脂肪足以使它们度过寒冷的冬天。春季是动物求爱的季节，春季交配确保其下一代在食物充足的夏季出生，并在冬季来临前充分发育。

植物也受白天长度的影响，一些植物只在白天较长的时候开花，这样可以确保有昆虫授粉。另外，有一些植物在夜晚较长的时候开花。在热带，季节很不明显，植物一年四季都会开花。

←白鹳在从北欧飞到非洲或中东越冬的途中停在西班牙的一个屋顶上。季节性迁徙的动物被认为是季节变化的暗示。这些动物的迁徙由地球磁场和超声波导航。

←季节性变化的风——季风影响着半热带地区的气候——尤其是在东南亚。炎热的夏季使这些地区受低气压控制，温暖湿润的风给这些地方带来强降雨，而这些雨水正好满足动植物生长的需求。冬季，寒冷的空气使这些地区气压升高，风从陆地吹向海洋。更靠南的赤道地区，全年降雨较为平均。

6 飓风和龙卷风

飓风和龙卷风都是旋转着的强大暴风，但两者有着显著的区别：龙卷风可以在陆地或水上形成，但飓风只能在水上形成。飓风通常比龙卷风携带着更多的能量，持续时间也更长。

龙卷风通常伴随着强烈的雷暴，形成于暖湿气流与干冷气流交汇时。如果暖湿气流处于干冷气流之下，中间又隔着干暖气流层，龙卷风形成的条件就具备了：一旦暖湿气流在这种倒置大气结构中寻找到从分开它的冷气流中上升的路径，它就变成了龙卷风。当暖湿气流盘旋上升时，它会扩散并冷却，它携带的水蒸气开始形成雨。降雨释放的能量更增强了气流上升的力度，并促使旋转气流快速上升，一场剧烈的雷暴就开始了，随着旋转上升气流变窄变快，它最终变成了龙卷风。

龙卷风经常发生在美国大平原（也包括俄克拉荷马州以及得克萨斯州的一部分）的春夏两季。这里就是广为人知的"龙卷风走廊"。

飓风是比龙卷风大得多的暴风，它们形成于北半球的热带海洋，那里吸收的太阳辐射最多。雷暴同样是飓风的先兆，但海洋与大气中一些特定条件的存在是飓风得以生成的必要条件。要形成飓风，海洋温度就必须大于 26.5 ℃，同时大气必须是潮湿的。温暖的海洋帮助上升的暖气柱移动得足够快，并且大气中的湿气阻止了水分蒸发，水不能蒸发，它就被迫成为雨或冰雹降下来——这非常重要，因为能量会由此释放到暴风中，使其变得更强大。

当风速达到每小时 56 千米时，它就成为热带风暴并被冠以一个事先确定好顺序的列表上的一个名字。如果风速超过了每小时 118 千米，热带风暴就正式成为飓风。

飓风与海洋及大气都有联系，一系列全球范围的循环就会影响它们。首先，厄尔尼诺现象（太平洋中位置移动的热水）影响着大西洋上的风速，这可以抑制飓风的形成。事实上，在 1997 年厄尔尼诺现象出现时，大西洋飓风数量确实降到了每年 9 次这一平均数以下。其次，每 15—20 年一周

↓ 美国的龙卷风走廊是北方干冷气流与南方暖湿气流交汇的地方。如果这两股气流相遇时暖湿气流被困在干冷气流之下，就会造就形成龙卷风的完美环境。龙卷风多发季节是春季与夏季。

干冷气流

龙卷风走廊

太平洋

大西洋

暖湿气流

↗该图是在1998年"米奇"飓风袭击美国洪都拉斯（见图中紫色部分）前三天制作的电脑合成图片。飓风于10月底过境，造成了1.1万人死亡，估计重建家园的费用达到50亿美元。

期的海洋暖水全球性流动（又称全球传输带）也影响着飓风的形成。

在飓风形成后一周到两周里，它可以释放出与美国全年制造的电能同样多的能量。但是，一旦飓风穿越陆地或冷水区域，它便会很快失去能量并消失。尽管如此，无论是飓风还是龙卷风，当它们扫荡人类居住区的时候，都会造成大范围的破坏和人员伤亡。

五
起点和终点

地质故事

地质年代有几个主要的划分：宙、代、世、纪。最早的宙是太古宙，从 46 亿年前太阳系产生到 25 亿年前，这个时期的造山运动、火山作用和海洋沉积作用证据都可以在地球岩石中找到。虽然太古宙曾被定义为生命存在之前的时期，但现在我们知道在该时间段的末期，简单的生命形式已经出现。

太古宙之后是原生宙（意为最早的生命出现的时期），约持续到 5.9 亿年前。这一时期造山运动逐渐变得不那么活跃，复杂的生命形式开始在原始海洋中产生。太古宙和原生宙合称为前寒武纪，这一时期地球陆地地壳厚度从没有超过 40 千米，明显薄于现在的地壳（厚度达 70 千米）。

太古宙时，地球地壳频繁地经受着流星体与小行星的轰击——同样发生在水星、月球和火星上，甚至外行星卫星上也布满了强烈撞击留下的陨坑。月球岩石样本显示了包括月海中的火山运动在内的月球活动，这些活动大概结束于太古宙末期——也许水星上也是如此。而火星和金星却相反，它们的地质运动一直延续到更近的时期。

寒武纪（5.9 亿—5.05 亿年前，是组成显生宙一系列地质时期中的第一个）开始的时候，地球上的生命形式开始在数量和种类上成倍增加。到了寒武纪时期，火星的火山活动刚过了最高潮，但金星表面似乎仍在经受火山洗礼，并且可能一直持续到今天。

尽管宇宙是那么广袤，类

似太阳的恒星也有无数，科学家们也相信在宇宙的另一端拥有适合生命出现环境的行星存在的可能性非常高，但是到目前为止，这种行星还没有被发现，在太阳系的其他行星上也没有发现任何生命的迹象。

　　最早的哺乳动物在2亿年前就出现了，但它们能主宰地球却可能得益于一颗小行星对地球的撞击，这次撞击导致了体态庞大、原先相当繁盛的恐龙的灭绝。如果这次撞击没有发生，人类很可能不会处于今天的优势地位——可能来自东非的人类最早祖先直到上新世时期才开始出现，那时距离今天只不过短短的四五百万年。

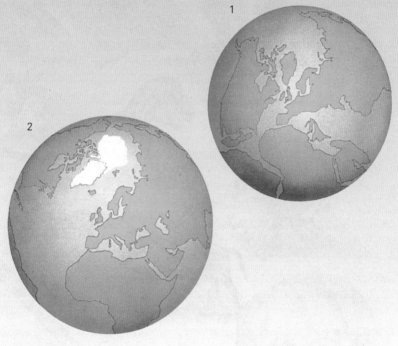

↑在前寒武纪和寒武纪时代，全球陆地形成了好几个不同的部分，直到2.5亿年前漂移合并形成"超大陆"——泛古陆。约2亿年前泛古陆分裂成冈瓦纳大陆和劳亚古大陆（1），然后它们逐渐变成现在的样子（2）。

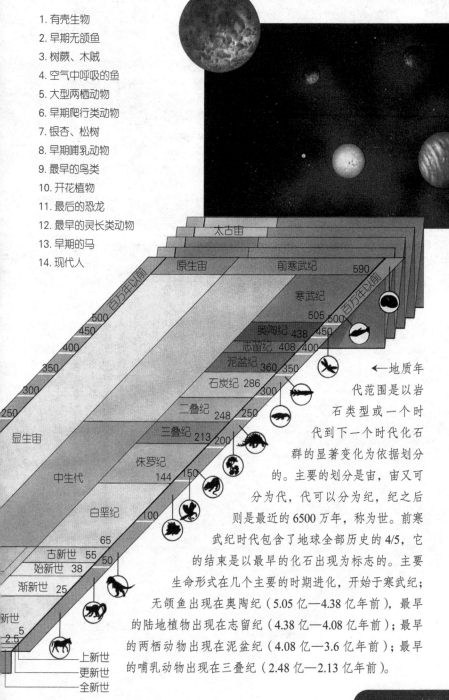

1. 有壳生物
2. 早期无颌鱼
3. 树蕨、木贼
4. 空气中呼吸的鱼
5. 大型两栖动物
6. 早期爬行类动物
7. 银杏、松树
8. 早期哺乳动物
9. 最早的鸟类
10. 开花植物
11. 最后的恐龙
12. 最早的灵长类动物
13. 早期的马
14. 现代人

太古宙

原生宙　前寒武纪　590

寒武纪　505 505 500

百万年以前

奥陶纪　438
志留纪　408 400
泥盆纪　360 350
石炭纪　286
二叠纪　248 250
三叠纪　213 200
侏罗纪　144 150
白垩纪　100

500
450
400
350
300
250

显生宙

中生代

65
古新世　55 50
始新世　38
渐新世　25

新世
5
2.5

上新世
更新世
全新世

←地质年代范围是以岩石类型或一个时代到下一个时代化石群的显著变化为依据划分的。主要的划分是宙，宙又可分为代，代可以分为纪，纪之后则是最近的 6500 万年，称为世。前寒武纪时代包含了地球全部历史的 4/5，它的结束是以最早的化石出现为标志的。主要生命形式在几个主要的时期进化，开始于寒武纪；无颌鱼出现在奥陶纪（5.05 亿—4.38 亿年前），最早的陆地植物出现在志留纪（4.38 亿—4.08 亿年前）；最早的两栖动物出现在泥盆纪（4.08 亿—3.6 亿年前）；最早的哺乳动物出现在三叠纪（2.48 亿—2.13 亿年前）。

2 地球上的生命

地球上之所以有生命存在，最重要的一个因素就是水。因为生命的最初出现是由化学反应推动的，而这一反应在液体中发生的速率要比在固体中及在气体中快得多。地球大气成分的结合及它与太阳间的距离使地球的温度维持在水可以在其表面流动的合适范围内。

天文学家已经在宇宙气体云中发现了大量化学排列，这些排列可以进一步制造出对于生命具有重要意义的碳及其他元素的长分子。当恒星和行星在这些星云外形成时，一种叫作彗星的冰体会将含碳分子带到行星上。

许多科学家目前都相信生命很可能起源于大洋底的地热喷口附近，因为从这里涌出的来自地球内部的热水携带了各种各样的溶解物质。

在这些喷口周围有我们所知的地球上最简单的生命形式，它们中的许多是依靠代谢热水中的化学溶解物质生存的。

澳大利亚的岩石——顶燧石证实了古老细菌的存在，它含有 35 亿年前的细菌化石。另一些石头中含有的化学证据表明生命是在 38 亿年前产生的——当然这样的证据是很难找到的。

有 20 亿年历史的最古老结构化石——叠层岩证明了蓝绿藻是最早进化的生命类型之一。在澳大利亚以及其他地方的前寒武纪岩石中发现的这类藻化石也有着与现代蓝绿藻相似的结构。

　　大约 25 亿年以前，原核生物（由单一细胞核组成的简单海洋有机物）进化出了利用太阳光制造食物的本领：光合作用开始了。之后，原核生物细胞逐渐变得复杂起来，在大约 12 亿年前的时候，真核生物（每一个细胞都有细胞核）出现了，而真核生物最终进化成了目前存在于地球上的不同生命体。

　　在光合作用中，一个活细胞（通常在植物中）吸收水和二氧化碳，并释放氧气。光合作用一旦开始，自由氧气就

↓鸟嘌呤和胸腺嘧啶是 DNA 的四个碱基中的两个，是存在于所有生物体中用于复制代码的指令，并可以产生一小部分的氨基酸（包括谷氨酸），这些都可以组成有机生命体的复杂分子。

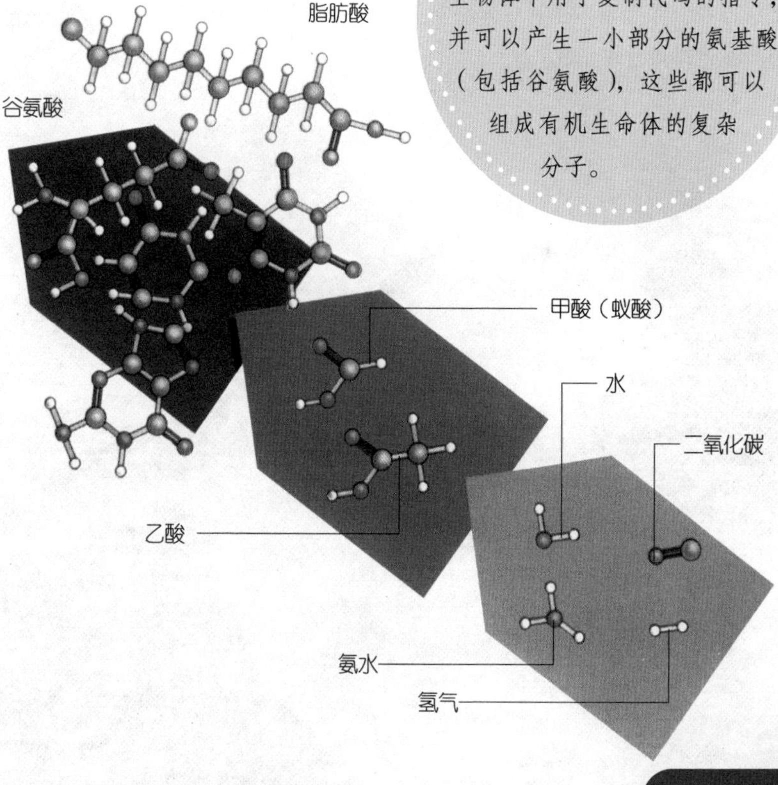

脂肪酸

谷氨酸

甲酸（蚁酸）

水

二氧化碳

乙酸

氨水

氢气

会显著增加，环境就会变得更有利于生命发展。早期无脊椎动物是在寒武纪时期出现的，但陆生生物的繁荣直到 3.6 亿年前的泥盆纪（这个时期的早期，鱼开始出现）末期才出现。到了二叠纪时期（2.86 亿年前），两栖动物进化到能够产下硬皮羊膜卵；最早的爬行动物也诞生了，其中的一些进化成了恐龙，其他的则进化成了哺乳动物。

人的直接祖先是类人猿。发现于东非的最早人类祖先骨头距今有 450 万年。约 150 万年前，直立行走的人学会了使

↘地球存在的大部分时期（前寒武纪时代），环境都是不适合复杂生命生存的。直到 20 亿年前能进行光合作用并释放氧气的蓝绿藻（藻青菌）以及其他海洋生物出现之后，这种情况才开始改变。这种藻类以层状存在，并且留下了被叫作叠层岩的化石。现在，叠层岩仍然在沿岸海水中形成。

用石制工具；约 145 万年前，人类学会了取火；50 万年前，直立人散布到了欧洲及远东地区，这时他们已经能够制造工具，并且是非常优秀的猎手。人类历史从此开始了。

3

↑石炭纪时期（3.6 亿—2.86 亿年前），无论在湿地还是在干旱地区，都出现了茂密的丛林和蕨类植物、石松与木贼。两栖动物、一系列的无脊椎动物（包括蜻蜓）也在陆地上出现了。

↑到了奥陶纪时期（5.05 亿—4.38 亿年前），藻类在沿岸地带制造礁石，最初的珊瑚和最早的陆地植被出现了。现代鱼类的祖先——无颌鱼，以及三叶虫、其他节肢动物和现代甲壳动物的祖先都开始出现。这些物种与现在在地热喷口不远处的海洋中发现的物种类型相似。

3 盖亚假说

盖亚假说最初被认为是毫无根据的奇思异想，但经过仔细的分析证明，它虽没被广泛接受，但至少也是一个值得深入研究的理论。盖亚是希腊神话中的大地女神，盖亚假说将地球视为一个整体，认为地球是一个有机生命体。英国科学家詹姆斯·洛夫洛克于20世纪60年代首次提出了这一观点。他震惊于地球大气层事实上背叛了地球是被人居住的事实：地球生物的新陈代谢使得地球大气的成分失去了化学平衡。换句话说，诸如沼气和氧气等本不允许混合的化学物质却被有机体制造出来并大量存在于地球大气中。太阳系其他任何行星的大气都不包含这种化学物质的混合。

如果生命正像这样改变地球大气的组成，它也许也在帮着塑造世界的其他部分。世界上各种各样的生命形式与我们体内的个体活细胞可能是类似的，每一个都是有生命的，每一个都以这样一种方式相互作用，在不知不觉中便创造出更大的生物体。

洛夫洛克把地球比作一棵巨大的红杉。树是确定无疑的生命体，但它的组成物质99%是无生命的。树的内部是由木质素和纤维素组成的，唯一的活细胞包含在树皮——树薄薄的外层中。地球也是如此，它主要由岩石和其他无生命的物质组成，只有地表生活着微量百分比的生命体。所以，地球也可以被看成单个的生命体。

当然，地球上的生物有能力改变全球的环境，如大气中的二氧化碳可以被海藻的新陈代谢清除。不仅是大气受到生命体的影响，其他物质也一样。洛夫洛克举了地球岩石和水的几个特定属性作为例子，如温度、氧化度、酸度，这些属性都为生命体的日常活动所限制。因此，环境是能够使自己永久存在的。

很难说明人类在哪一点上适应了这个系统——盖亚的活动似乎依赖于行星的生命形式

的无意识相互作用。然而人类是有意识的，随着科学、技术和工业的发展，我们已经拥有了盖亚以前从未拥有过的影响环境的能力——除了极端状况的冰期及小行星的撞击。工业污染、大量化石燃料的使用及

↓ 科学家詹姆斯·洛夫洛克于20世纪60年代首次提出了盖亚假说。刚开始，这个假说很少有人接受，但现在越来越多的科学家开始部分或全部相信他的理论。

↓在 2015 年左右，欧洲宇航局的"达尔文号"空间探测器将利用盖亚假说的观点去寻找遥远行星上的生命。因为生命以一种独特的方式改变着行星的大气的化学成分，这些化学物质能够揭示数光年远的星球上是否存在生命。

矿藏的开采都导致我们的世界难堪重负。不稳定的天气模式和气候变化是盖亚对这些破坏因素的初步回应。

　　许多科学家及很多人都认为工业化国家的政府部门必须将保护生态环境放到一个优先位置。如果人类想要继续生存繁衍，就必须找到适应环境（而不是对抗）的新方法。尽管利用太阳能、风能及潮汐能这些自然能源很不容易，但是它们在我们生活中的比例必须逐渐提高。

4 # 自然灾害

1984 年 11 月，南美哥伦比亚的亚美若发生了一系列的地震，一个月之后蒸汽喷发开始增加，到了 1985 年 9 月 11 日，一场小型爆炸将鲁伊斯火山的火山灰和岩石抛向天空。对此，没有人表现出特别在意——尽管地方政府早就被警告过，亚美若是建造在 1845 年覆盖于此地区的泥流之上，那场泥流造成了1000 人死亡。危险是显而易见的，但人们没有采取任何措施。

截至 1985 年 11 月 13 日，该地区共有 2.2 万人丧生。一次相对较小的喷发喷出了一堆炽热的浮石和火山灰，并融化了火山顶上的积雪。融化的水以每小时超过 35 千米的速度往下奔流，沿途汇聚了大量的泥土、岩石及树木，最终演变成了具有高度破坏力的泥流——它有 30 米高，并很快流经了这个小镇。带着 10 米高岩石块的一系列炽热流体扩散到低地上。当泥流最大时，每秒估计有 4.7 万立方米（约是亚马孙河的 1/5）的碎片奔腾而下。

自然灾害在这个地方是罕见的，然而它们的确发生了——讽刺的是，哥伦比亚泥流造成的破坏本应该是可以被降低的。20 世纪 80 年代早期，圣海伦火山和埃尔奇琼火山的爆发强烈地提醒人们，预报火山喷发是一项严肃的事情。1991年，从这些事件中得到的教训使菲律宾皮纳图博火山的大喷发得以预知，因此附近居民的大规模疏散工作在火山灰倾泻下来之前完成了，这些火山灰最终形成了 0.15 米厚的火山岩层。

地震也会造成大量死亡和财产损失，以及交通破坏。美国加利福尼亚州圣安地列斯断层沿线的旧金山以及周边地区是地震易发地带。1989年，这一断层裂开并激活了形成于1906年前的旧断层，它所引发的里氏7.1级地震夺去了62个人的生命，并毁坏了近1000幢房屋。1994年1月，在相关断层上发生的地震在洛杉矶造成了类似的破坏。这是地球上监控

↓ ↑ 诸如孟加拉国（下图）这样的沿海低地区域，洪水泛滥非常频繁，1988年，该国的一场洪水让3000万人无家可归。1994年美国加利福尼亚州洛杉矶的一场地震（上图）看起来也许更严重，但实际死亡人数是数百人——与火山和洪水相比要少得多。

↑ 希腊海岸附近的锡拉的仙度云尼岛是一个巨大的破火山口，它于公元前 1500 年左右喷发，夺去了岛上所有生物的生命。

↗火山是最壮观的自然灾害之一。火山灰喷发呈塔状，有 20 米高，在空中形成了浓密的云。火山灰可以在地面造成 0.15 米厚的堆积；在爆炸的几千米范围内，所有的东西都被摧毁。火山灰也许会奔流数百千米，从而破坏全球的天气系统。1991 年，因为及时做好了疏散工作，菲律宾皮纳图博火山大喷发没有造成人员死亡。

最严密的地震区之一。尽管州政府与地方政府对转移地震无能为力，灾难性影响却可以经由强制实施的建筑结构标准来减轻。

　　证据表明，一场自然灾害可能有着全球性的影响。近年来，人们认为 6500 万年前恐龙的灭绝是由一颗直径 1 万米的陨星撞击地球引起的——撞击提升了地球的温度并造成了数周的黑暗。

　　这些事件（或其他自然灾难）促使哺乳动物继续进化，最终使智人快速增长，要知道这些成功的先辈（如恐龙等）一度统治世界达数百万年之久。

5 来自小行星的威胁

1908 年，西伯利亚的通古斯地区发生了巨大的爆炸；1930 年，巴西一无人居住的地区上空发生了类似强度的爆炸；1947 年，一系列陨星在俄罗斯制造了数百个直径为 0.5—14 米的陨石坑；另外，在中国还有一个未经证实的历史事件——1490 年，一个宇宙不明物体造成了 1 万人死亡。美国军事解密档案显示：1972 年 8 月—2000 年 3 月，美国空军预警卫星探测到了 518 次撞击事件，其中大多数物体在地球外层大气中安全爆炸——尽管它们释放的能量相当于落在广岛的原子弹，地面上的人却不会察觉。早在 1694 年，埃德蒙·哈雷就指出，过去彗星的撞击可能造成过全球性的灾难。确实，现在地质现实已经证明了我们的星球遭受过一些非常巨大的星体的撞击。

不是只有彗星才会威胁地球。尽管小行星通常位于火星和木星之间的小行星带中，但仍有 1% 的小行星处于非常怪的轨道之上并可能接近地球，它们因此被叫作近地小行星，具体数量目前还不得而知。据估计，直径超过 1000 米的近地小行星有 500—1500 个，超过 100 米的则有 3 万—30 万个。

近地小行星按位置可分为三类，前两类可以在夜空中被观测到：叫作阿冥尔的那一群主要在小行星带活动，越过火星轨道并在回归时摆动接近地球；叫作阿波罗的那一群跟阿冥尔差不多，但实际上是越过了地球的轨道；叫作阿腾的那一群最危险，它们大部分时间处在地球的轨道以内，并隐藏在耀眼的阳光下。它们在远日点时越过地球轨道，并在夜空中若隐若现，随后会再次越过地球轨道并向内落下。因为它们离太阳很近，所以能够隐藏在白天的阳光下并可能"偷袭"地球。

一系列望远镜一直在扫描这些危险的小行星。亚利桑那大学"太空监视计划"试图定位更小的行星，但只能局限在很小的范围内。

一旦被发现，这些小行星就必须被连续追踪并确定其轨道。如果一颗近地天体被发现处于撞击路线上，它就必须被推离。当然，这个天体不会被击成碎片——这在影片里是常见的。击碎不能改变它的运行轨道，大量的小碎块仍然会朝

↓全球分布的陨坑只不过记录了地球受到的一部分撞击。因为我们的行星有板块构造，它使得地壳循环，并且有大气侵蚀陨坑，许多撞击伤疤在经年累月间被抚平了。

北美洲　欧洲　亚洲

非洲

南美洲

大洋洲

↑ 大多数小行星存在于火星和木星之间的小行星带中。这是小行星艾达，它是由"伽利略号"望远镜在飞往木星的途中拍摄的。艾达有 56 千米长，并拥有一个直径 1500 千米的卫星。

我们飞来。核弹能在小行星附近爆炸并熔化它的一面，从而制造出大量的膨胀气体，这些气体就会像火箭推进器一样将小行星推到不同的轨道上。

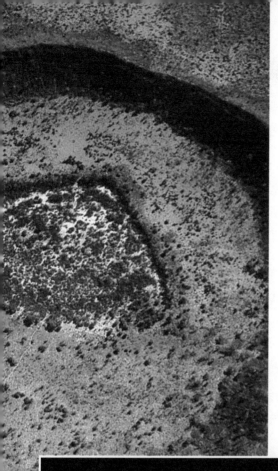

←澳大利亚西部的狼陨坑位于大沙漠边缘。据估计,它可能是在200万—100万年前的更新世时期由一颗重达2000吨的小行星撞击而成的。

↓早期地球受到外层空间星体撞击是非常频繁的。尽管巨大的撞击的概率现在已经非常低,但其威胁还是存在的。比起"会不会"撞击来,这更是一个"什么时候"撞的问题。这幅艺术品展现了小行星撞地球的壮观瞬间。

6 人类离开地球

　　1960 年，苏联用 5 吨重的"东方 1 号"宇宙飞船将尤里·加加林送入了地球轨道，他由此成为进入太空的第一人。不到一个月之后，美国指挥官阿伦·谢波德在 170 千米高的外层大气中飞行并安全返回地面。

　　无人宇宙飞船于 1958 年第一次尝试飞往月球，但最终失败了。1959 年，苏联飞船"卢尼克 1 号"飞越月球并传回了月球磁场的信息。10 年后，美国"土星 5 号"火箭向月球发射了"阿波罗 11 号"飞船，宇航员尼尔·阿姆斯特朗和巴兹·奥尔德林登上了月球表面的静海。从那以后，数艘载人或无人飞船又登上月球并传回了大量关于月球地质历史的数据。漫游车帮助宇航员采集一系列岩石样本，并带回地球。测量仪器被留在月球的表面用于测量月震、宇宙射线强度及磁场。

　　科学家也从太空中对地球做了全面的研究。20 世纪 70 年代早期，一系列地球资源卫星开始从轨道上拍摄地球表面，这项工作到现在还在继续。使用一系列不同的波长，地球资源卫星和它的后继者们已提供了全球性的地质资料、热流、植被、土地利用、洋流、天气模式及重力状况等数据。

　　将宇宙飞船送到其他行星去难度要大得多，但人类已经成功完成了数次。水星壮观的表面图片于 1974 年由"水手 10 号"传送回来，同年，苏联"维尼拉号"探测器获得了金星的雷达照片——它穿透云层覆盖的金星并分析了其地表岩石。更多的探测器已经到达了金星，高精度雷达测绘器"麦哲伦号"于1990—1994年绘制了金星地图，它传回的数据使金星地质学得到了改写。

↓布鲁斯·麦克坎德莱斯是一名太空穿梭宇航员，他于1984年漂浮到宇宙空间中，身上只系了一个机动控制装置和氮推进器动力装置。太空穿梭让宇航员获得停留在宇宙空间中的实际体验，空间站使得他们能够连续离开地球好几个月。

自1962年开始，到达火星的探测器越来越多。我们所知的大部分关于火星的信息都是由"水手9号"实施的两次海盗计划于20世纪70年代中期传回来的。它们同时携带有轨道探测器和登陆探测器，并传回了大量信息，补充了热、大气、地质化学及地质物理的数据。如今，美国、欧洲和日本都在向火星发送空间探测器。

也许迄今为止最成功的太空任务要数"旅行者任务"了，该任务有两个探测器，于1979年到1989年访问了木星、土星、天王星和海王星及它们的许多卫星。令人印象深刻的木星云层、土星环、木卫一上的火山、海卫一上的间歇泉，以及天王星卫星米兰达上的巨大峭壁都带给了我们关于宇宙的新视野。另一个探测器"伽利略号"被发射后经过了金星、地球、月亮（1990年）及小行星加斯普拉（1991年），最终到达了木星。一个小型探测器按计划进入木星大气层，并传回了一系列关于闪电、磁场和带电粒子的信息。该轨道探测器的任务收尾后，一个类似的探测器"卡西尼－惠更斯号"于2004年到达土星。

尽管这些无人探测器取得了巨大的成功，但将载人探测器送到火星仍然是空间科学家长期的目标。同时，长期的资金支持对于这样浩大的工程来说仍然是一个难题。

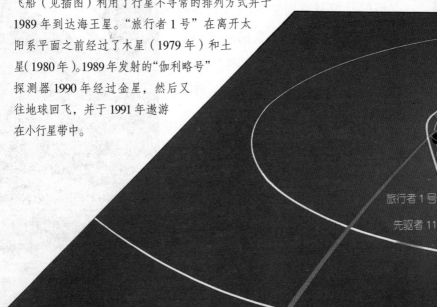

外行星探测器可包含复杂的运行轨道，这样宇宙飞船就能够利用行星的引力影响加速到足够快的速度，使自己能够到达下一个行星。"旅行者2号"飞船（见插图）利用了行星不寻常的排列方式并于1989年到达海王星。"旅行者1号"在离开太阳系平面之前经过了木星（1979年）和土星（1980年）。1989年发射的"伽利略号"探测器1990年经过金星，然后又往地球回飞，并于1991年遨游在小行星带中。

旅行者1号

先驱者11

→ 1969 年 7 月，"阿波罗11 号"登陆月球，宇航员跨出了人类探索宇宙的一大步，并在月球上安装了探测器，如图中这个地震检波器。

←美国"阿波罗登月计划"最开始依靠 110 米高的三级土星火箭将宇宙飞船发射到地球轨道。飞船被加速到 4 万千米／小时，然后开始它历时 2.5 天，长达 38.4 万千米的月球旅行。

等它到达月球的时候，指令舱仍然停留在轨道上，而更小的登月舱则降落到月球表面。

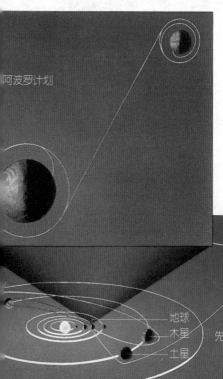

阿波罗计划

地球
木星   先驱者 10 号
土星

者 2 号

天王星

海王星